AF495709

DISCOVRS NOVVEAV

PROVVANT

la pluralité des Mondes, que les Aftres font des terres habitées, & la terre vne Eftoile, qu'elle eft hors du centre du monde dans le troifiefme Ciel, & fe tourne deuant le Soleil qui eft fixe, & autres chofes tres-curieufes.

Par PIERRE BOREL, Confeiller, & Medecin ordinaire du Roy.

Non inferiora fequutus,

Sed,

Omnes Calicolas, omnes fuperà aftra ...
Ecclefiafte. c. 1. v. 13.

Ce qui eft fous les cieux eft vne occupation fa cheufe que Dieu a baillée aux hommes afin qu'ils s'y occupent.
Ecclefiafte. c. 3. v. 11.

Auffi a-il mis le monde en leur cœur, fans toutesfois que l'homme puiffe comprendre l'œuure que Dieu a faite de bout à autre.

À GENEVE,

M. DC. LVII.

Iamblicus & Simplicius
Cælestia & plurima ex mortalibus animalibus
nobis sunt ignota.

C'est à dire.

Les choses celestes, & plusieurs choses
touchant les animaux mortels nous sont
incognuës.

Baco

*Quærenda est veritas in|mundo maiori, non
alibi.*

C'est à dire.

Il faut chercher la verité dans le grand
monde, & non ailleurs.

A MONSEIGNEVR LE
Cheualier Kenelme Digby, Admiral & Conseiller du Conseil Secret de Charles premier Roy d'Angleterre & Chancelier de la Reyne de la grand Bretaigne.

ONSEIGNEVR,

Si voſtre vertu n'eſtoit vniuerſellement cognuë, & ſi voſtre ſçauoir prodigieux ne vous auoit mis au deſſus de toutes les loüanges & qu'il fut neceſſaire de vous donner du luſtre par quelques lumieres emprunteés, I'irois fouiller dans l'ancienne & longue ſuite de vos illuſtres ayeux

pour faire voir a la posterité qui
vous estes, mais comme vous brillés assés par vous mesmes, & que
vos doctes liures & vos rares vertus vous rendent assés recommandable.

Nam quæ non fecimus ipsi.
Vix ea nostra vocas.

Ie ne m'amuseray point à faire
icy vostre portrait, aussi serois ie
vn trop foible instrument pour vne
si haute entreprise, ie ne sçaurois
pourtant taire la vertu Royale que
vous possedés au plus haut point,
& qui esclate parmy les autres
qu'on remarque en vous.

Velut inter ignes
Luna minores.

Ie veux dire la liberalité que
vous aués exercée si noblement en-
uers la celebre Bibliotheque d'Ox-
ford (par le present de plus de douze

mille traictés manuscrits) & en-
uers vne infinité de particuliers, en
forte que vous n'aués rien qui puiffe eſtre dit abfolument vous appar-
tëir puis qu'il ne faut que temoigner
vne petite inclination pour ce qui eſt
à vous afin de l'obtenir promptemẽt
Et pleut à Dieu que ceux qui meri-
tent de gouuerner des Eſtats, comme vous le meritez, les gouuernaf-
fent on ne verroit pas eſchoüer tant
de genereux prajets, ny auorter
tant de doƐtes liures qu'on pourroit
appeller autant de conqueſtes dans
le pays incogneu des fciences, &
qui meriteroient d'eſtre prefereés à
celles de plufieurs Royaumes ; ainſi
le grand Scaliger a dit autre-fois
qu'il aymeroit mieux eſtre l'Au-
theur de quelques odes d'Horace
que d'eſtre Prince fouuerain; tous ces
beaux liures pourtant demeurent

sous la poussiere, & dans les eternelles tenebres de l'oubly, par l'im-
puissance de leurs Autheurs, &
par l'auarice des ignorans qui occupent indignement la place des
bien facteurs des hommes sçauans,
cela veut dire MONSEIG-
NEVR, que si le temps que Platon à tant souhaité pour rendre les
Estats heureux en faisant regner
les Philosophes, ou Philosopher les
Roys pouuoit venir à son tour, tout
changeroit de face & la vertu se
verroit recompensée, ceux qui par
des opinions nouuelles bien raison-
neés s'efforçent à ouurir les yeux
des hommes & à les faire penetrer
dãs les mouelles des choses, lors qu'ils
n'en auoïèt descouuert que les escor-
ces, ne passeroient pas pour ridicules, & nous ne serions pas si ignorans comme nous sommes estans

contraincts a begayer encore sur
de suie tsrecherchez depuis plusieurs
siecles : ie sçay bien que vostre mo-
destie sera choquée de ce que ie
viens de dire à vostre honneur,
mais ie vous ay tant d'obligations
que i'eusse creu de ne meriter plus
autre nom que celuy d'ingrat si ie
m'en fusse teu, & si à faute de
present considerable ie ne vous eusse
du moins apporté une plaine main
d'eau comme on fit autre-fois à vn
grand Prince, & comme il la receut
humainement i'ose aussi me pro-
mettre MONSEIGNEVR que
vous receurés ce petit fruict de mes
veilles auec autant de plaisir qu'il
vousest offert de bon cœur par.

Vostre tres-humble & tres-
obeissant seruiteur

PIERRE BOREL.

AV LECTEVR

CE liure estoit prest à imprimer l'an 1648
Mais ie n'ay peu t'en faire participant iusques à present pour plusieurs raisons que ie ne te puis pas icy deduire, il te doit suffire que quantité d'habilles hommes l'ont veu & m'en ont demandé des coppies auec empressement ce que ie leur ay refusé iusques à ce qu'elle m'a esté extorquée par quelques vns qui l'ont copié sans mon contentement; on ayant veu paroistre depuis peu vn liure sur le mesme suiet cela m'a faché beaucoup estimant qu'on auoit pris quelque chose du mien comme il y a de l'apparance, c'est ce qui m'a porté enfin à rompre le silence, & à te donner cette premiere partie de mon liure dont i'ay eu l'approbation des plus rares esprits de la France qui ont de pareilles opinions, mais qu'ils conseruent secretement de peur de passer pour ridicules parmy le vulgaire ignorant; i'ay suiuy sans y penser la maxime de Ronsard qui dit qu'il faut garder dix ans vn liure auant que le publier, & n'y ayant pourtant trouué rien à changer que quelques termes qui ne sont pas en langage trop recherché i'ay mesprisé cela & te le donne sans estre beaucoup poly ne me picquant que de la matiere tant seulement; reçoy donc cependant ce traicté en attendant vne seconde partie plus curieuse sur la mesme matiere.

DISCOVRS NOVVEAV

prouuant la pluralité des Mondes, que les Aſtres ſont des ter-res habitées, & la terre vne Eſtoile, qu'elle eſt hors du cen-tre du monde dans le troiſieſ-Ciel, & ſe tourne deuant le Soleil qui eſt fixe, & autres choſes tres-curieuſes.

Par PIERRE BOREL, Conſeiller, & Medecin ordinaire du Roy.

Chapitre I. de la pluralité des Mondes en gene-ral, ſeruant de Preface aux Chapitres ſuiuans.

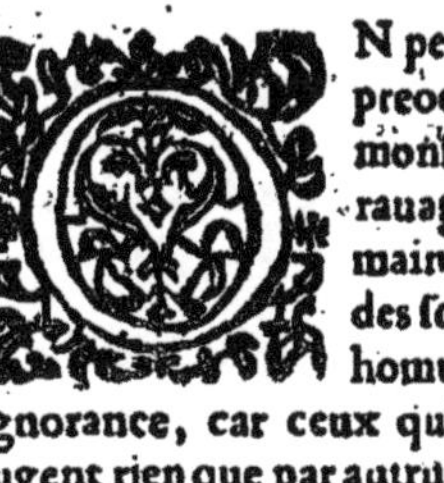

N peut dire auec verité que la preocupation eſt vn horrible monſtre qui fait vn notable rauage dans les eſprits hu-mains empeſche le progrez des ſciences, & fait croupir les hommes dans vne perpetuelle ignorance, car ceux qu'il à vne fois enuahis ne iugent rien que par autruy, cenſurent les meilleu-

res opinions, iurent pour celles de leurs maiſtres
ſoit qu'elles ſoyent bonnes ou mauuaiſes, & ayãs
conçeu vn tres-grand degouſt pour tout ce qui
choque leur croyance ignorante n'entantent que
des meſpris & des blaſmes côtre ceux qui taſchent
à les deſſiller, & les arracher des tenebres de leur
ignorance pour les faire iouyr de la lumiere de la
vraye cognoiſſance des choſes.

Ce qui ſe pratique particulierement en ce ſiecle ou nous ſommes, ou on ne vit que par imitation, ou les gens de lettres ſont meſpriſez, auquel
ceux qui ont des notibns particulieres & rares,
ſur de ſuiets importans à la cogno.ſſance des hommes paſſent pour extrauagans, & auquel on ne
peut ſouffrir aucune nouuelle propoſition.

Mais hélas que dois ie eſperer, veu que ce mal
eſt comme à la gangrene, & a pris de ſi profondes
racines, qu'il a oſté le ſentiment aux hommes qui
en ſont attaquez, puis que les plus preoccupez
ne croyent pas de l'eſtre, que dois ie dis-ie, attendre moy qui veux propoſer des nouueautez,
non des choſes qui ſont dans la terre, mais meſme dans les cieux, & non ſeulement ez cieux,
mais dans les corps des Eſtoiles.

Des auſſi toſt qu'on aura veu le titre de ce diſ-
cours on me condamnera ſans m'oüir, on ne dai-
gnera pas ſeulement lire mes raiſons, & aymera
mieux viure en ignorance que changer d'opinion,
& eſtre dans le monde comme les beſtes, qued'en
ſçauoir les ſecrets.

La plus part des hommes croyent qu'il leur ſeroit honteux de confeſſer qu'ils ignoraſſent quelque choſe, mais qu'ils prênent le mauuais party,

car au contraire c'est le moyen de trouuer la verité, veu qu'on cherche touliours de nouuelles raisons de ce qu'on croit d'ignorer.

L'ignorance humaine est si grande que les sainctes Escritures ont dit que toute la science des hommes estoit vanité, & si nous ne nous voulons flater, nous trouuerons que nous ne sçauons rien qui ne soit ou ne puisse estre debatu, la Theologie mesme n'en est pas exempte, & quand aux autres sciences & arts les volumes que nous en auons en font assez foy, c'est ce qui a meu les Pyrrhoniens ou Sçeptiques à douter de toutes choses, & a fait naistre diuers liures de la vanité des sciences, l'Astrologie, la Medecine, la Iurisprudence, la Phisique, chancellent tous les iours, & voyent crouler leurs fondemens, Ramus a renuersé la Philosophie d'Aristote, Copernicus l'Astrologie de Ptolomée, Paracelse la Medecine Galenique, de sorte que chacun ayant ses sectateurs, & tout semblant plausible, nous sommes bien en peine à qui croire, & par ainsi sommes contraints d'aduoüer que ce que nous sçauons est beaucoup moindre que ce que nous ignorons,

I'estime beaucoup les sentimens de Michel de Montagnes, l'honneur de nostre siecle sur ce suiet, il se renge fort bien à la raison, & mes opinions se trouuent le plus souuent conformes aux siennes, & particulierement en celle qui fournira de suiet à ce discours, entre mille rares pensées qu'il a sur cette matiere, il se sert d'vne belle similitude par laquelle il compare les hommes sçauans aux espics de bled, qui estans bien remplis courbent la teste, car lors qu'ils ont apris toutes

A 2

les fciences, & qu'ils s'y font confommez ils font
contraints d'aduouer qu'ils ne fçauët rien, & font
la mefme confeffion que fit vn des grands Philofophes de l'antiquité, *hoc vnum fcio, quod nihil
fcio,* ie fçay vne chofe, c'eft que ic ne fçay rien.

Si doncques nous ignorons prefque tout, n'ad-
uouerons nous pas que nous pouuons auoir igno-
ré principalement les chofes celeftes, & que par
confequent ceux-la font loüables, qui ont tafché
de s'efleuer par leurs meditations iufques dans les
cieux, & qui ayans comme deftaché leur ame de
leurs corps, l'ôt faite errer par les voutes celeftes,
pour y remarquer les chofes qui nous furpaffoiët,
noftre entendement eftant diuin, & noftre ame
toute fçauante & parfaite, n'ignore pas ces chofes,
mais la maffe du corps qui eft fa prifon l'empefche de faire fes fonctions auec pleine liberté, elle
voudroit bien s'efleuer, & fait chaque fois des
eflans vers le lieu de fon origine, mais la pefan-
teur de fon corps la fait defcendre, & la mixtion
des elemens dont il eft compofé, emouffe & eflour-
dit fon actiuité.

Si auant l'inuention de l'Artillerie, de l'Imprimerie, des lunetes d'approche, & d'vne infinité d'inuentions que nous poffedons maintenant,
on nous eut dit leurs effets nous ne les euffions
iamais creus, car fi on nous eut affeuré qu'on
pouuoit par la poudre à canon, fans fe bouger,
tuer les beftes efloignées de nous, non feulement
fur la terre, mais bien auant dans les airs, abatre
les murailles des Villes, & foudroyer les lieux les
plus forts, & que dans vn moment ces inftrumens
executoiët noftre vouloir, que par l'Imprimerie &

les lettres on pouuoit communiquer ses pensées
à vn autre, escrire vne infinite de Liures en peu de
temps, & mesme aller mille fois plus viste en es
criuant, qu'on ne parle, transmettre à nos descen-
dans nos belles conceptions, & acquerir vne spe-
ce d'immortalite, & enfin que par les lunetes on
pouuoit approcher les obiects, fortifier nostre
veuë, & luy faire voir distinctement les choses
tres-esloignées, si dis-ie on nous eut proposé ces
choses en vn temps auquel on n'en eut iamais
plus ouy parler, qui est celuy qui les eut creuës,
mais plustost ou est celuy qui ne s'en fut mocqué,
& pourtant les effets de ces inuentions sont tres-
veritables.

Ainsi les derniers siecles ont condamné comme heretiques ceux qui croyoient les Antipodes,
& cette croyance passa long-temps pour vne
damnable opinion, Christophle Colomb fut re-
buté de diuers Roys quand il leur proposa sa des-
couuerte des Indes, & pourtant ces propositions
se sont trouuées veritables, & ont donne l'immor-
talité à leur inuenteur.

Ainsi ie me promets que le temps fera voir la
verité de mon opinion, laquelle ie ne produis pas
au iour, sans estre appuyé d'vne infinité de bonnes raisons, & de l'autorité des plus grands personnages, mesme la saincte Escriture ne l'impu-
gne pas, mais au contraire panche fort vers mon
opinion, & quand aux Philosophes qui ne l'accordent pas, les vns ne nient pas que cela ne
puisse estre, les autres ne l'osent impugner, & les
autres ont des raisons si ridicules que ie ne crois
pas qu'il s'en puissent trouuer de plus foibles, &

apres tout ils ne sont point montez au Ciel non
plus que moy, & par consequent celuy qui aura
de meilleures raisons en doit estre creu, ce qui se
trouuant asseurement de mon costé, on ne doit
point trouuer absurde mon opinion.

Democrite Roy des Abderitains rioit perpetuellement de ce que le monde ne pouuoit comprendre la pluralité des mondes, i'ay donc suiet
auiourd'huy de rire comme luy, & me mocquer
de ces gens qui ne sçauent pas qu'il y a diuers
mondes, & mesme de les comparer aux bestes bru-
tes, qui mangent les fruits des arbres sans iamais
regarder de quel costé ils leur viennent, car les
hommes ont esté logez au monde pour contem-
pler les merueilles que Dieu leur met deuant les
yeux, & à laquelle fin il leur a donne la face en
haut pour regarder vers le Ciel, mais ils ne veulent point se seruir de leurs dons ny esplucher le
lieu de leur habitation.

Que ne vous dessillés vous ô hommes sçauans
& ne vous reueillez de vostre profond sommeil,
esleuez les yeux de vostre raison vers les cieux &
contemplans les merueilles qui y sont, mesprisez
les choses terriennes, & comme de vrays Philosophes voyez le reste des hommes comme dans
vn bourbier, n'ayans que des pensees basses, &
des ames de bouë qui ne pouuans s'estendre hors
des bornes de la Sphere de leur petite actiuité, ont
mesme le front d'accuser ceux qui par de nobles
proiets leur veulent tendre la main, pour les tirer
de leur ignorance.

Ayant donc tant de bonnes raisons & d'auto-
ritez de mon costé, ie n'apprehende plus ceux qui

n'en trouuent presque aucune pour affermir leur
opinion, ou qui l'ont si soible que le bastiment
qu'ils fondent sur elle chancelle de tous costez,
ie ne craindray point doncques ces bouches en‑
nenimees, & ialouses de la reputation d'autruy,
que ie prevois estre desia ouuertes en grand nom‑
bre contre moy, mais au contraire ie diray auec
raison qu'ils accusent Dieu & la nature d'impuis‑
sance, & leur propre raison d'incapacité, seroit‑il
bien possible que tant de grands personnages qui
l'ont creu anciennement, & desquels nous ho‑
norons la memoire eussent eu des opinions erro‑
nées, & que tant de raisons pertinentes n'eussent
point de solidité. Seroit‑il bien possible que vous
ne voulussiez escouter ceux qui vous veulent
desabuser, ny souffrir d'estre dessillez, lors que
vous auez deuant vos yeux la cataracte, & le
voile de preoccupation, Non, i'espere qu'il se
trouueront du moins quelques vns des mieux cen‑
sez, & des plus raisonnables qui se rengeront de
mon costé, & qui prendront mon party contre les
attaques des ignorans, qui tascheront de me
noircir, estimans qu'ils auront de la gloire d'a‑
uoir voulu abatre vn si haut proiet, car c'est la
qu'ils s'en prennent ordinairement.

Alta petit liuor, perflant altissma venti,
　Alta petunt dextra fulmina missa Iouis.
　　　C'est à dire

L'enuie ne se prend qu'à des choses hautaines,
Côme les tourbillons secouent les hauts lieux,
Et les tônerres prôpts du grâd maistre des dieux,
Tôbêt sur les Clochers, & nô pas sur les plaines.

Mais ie me mocqueray d'eux en mon ame, &
m'applaudiray moy-mesme s'il ne se trouue personne qui me vueille seconder, esperant que les
siecles à venir produiront des hommes plus raisonnables, & qui faisans plus de cas de mes conceptions, accuseront le siecle present de tres-
grande ingratitude.

*Chapitre II. prouuant la pluralité des Mon-
des par vne raison prise du lieu ou
s'engendrent les Cometes.*

PRoclus, Cardan, Telesius, & autres ont remarqué que plusieurs Cometes se forment
non seulement hors de la region des Meteores,
mais mesme bien haut par dessus la Lune, & Tychobrahe ce grand Astrologue qui a acquis vne
reputation eternelle par ses belles obseruations
encherissant sur eux a asseuré que tous les Cometes se formoient par dessus la Lune, mesmes selon
Kepler aussi haut que le Soleil. Or il est impossi-
ble que les vapeurs penettent la region du feu,
pour estre changées en Cometes, bien loin au dela, veu que selon tous les Philosophes la region
du feu est sous le concaue de la Lune , & par ainsi
ces Cometes se forment des exhalaisons d'autres
terres qui sont les Astres, c'est vne chose si claire,
que ie ne croy pas qu'il y ayt personne si peu raisonnable qui l'ose nier, que si on se vouloit def-
fendre en disant, qu'on ne peut sçauoir certainement que les Cometes soyent par dessus la region
de la Lune, ie les renuoyeray à l'Escole de l'Astrologie qui nous enseigne par vrayes regles & demonstrations,

monſtrations, les moyens pour meſurer tous les corps , & leurs eſloignemens de la terre, ce que Galileus, homme tres-illuſtre en noſtre ſiecle a confirmé, rapportant de pareilles obſeruations,

Chap. III. *prouuant le meſmé par vn autre argument pris de la grandeur & durée des Cometes.*

LES meſmes Aſtrologues, ont obſerué que quelques Cometes ont de corps ſi vaſtes & ſi grands, qu'il eſt impoſſible que les exhalaiſons de la terre leur ayent fourny de matiere , & ie paſſe-ray bien plus auant & diray, que quand toute la terre ſe reſoudroit en vapeurs & exhalaiſōs elle ne pourroit former de Cometes ſi grands , & de ſi grande durée , comme ceux qu'on a veu autres-fois, meſme quand elle bruſleroit toute , de ſorte qu'il eſt neceſſaire de dire que les autres Eſtoiles qui ont le corps ſi grand au reſpect de noſtre petit globe leur ont fourny de matiere.

Chap. IIII. *prouuant la pluralité des Mondes par vne raiſon tirée de la conformité de la Lune auec la terre.*

TOus les Philoſophes & Aſtrologues demeu-rent d'accord que la terre & la Lune ont cela de commun, qu'elles ſont toutes deux des corps opaques, ſolides, & capables de receuoir & reflef-chir la lumiere du Soleil, cela eſtant accordé qui a-il de plus aiſé que de conclurre que la terre re-uerberant les rayons du Soleil paroiſtroit lumi-

neuſe à ceux qui ſeroient haut elleuez vers les
cieux, qu'elle ſembleroit ſi petite par ſon eſloignement de nous qu'elle ſeroit preſque ſemblable a la
Lune, & en lumiere, & en grandeur, & que meſme elle auroit ſes taches, à cauſe des eaux qui en-
ſeueliſſent, & eſtouffent les rayons du Soleil, &
ne les reuerberent point, les lunetes d'aproche
nous y feroient meſme deſcouurir quelques v·es
des principales montagnes, ce qui nous oblige-
roit a croire que ces mers & ces montagnes ne
ſont pas inhabitees, & deſpeuplees d'animaux.

Et ſi nous tournons la medaille, ne dirons nous
pas le meſme de la Lune, dans laquelle nous deſ-
couurons des taches, que les lunetes de Galilee
nous font diſtinguer ſi naïfuement, que nous y
voyös preſque comme en vn tableau, des mers &
des deſtroits, des lacs, des riuieres, & des Iſles, des
rochers & des montagnes, qu'on apperçoit pro-
tuberer en dehors principalement lors que la
Lune eſt nouuelle.

Si cela eſt veritable, de la Lune, ne le peut-il
pas eſtre des autres aſtres, mais leur eſloignement
deſrobant à nos yeux leurs taches nous en deuons
iuger par la Lune, qui quoy que plus petite eſt
plus proche de nous & nous paroiſt plus grande,
& afin qu'on ne doute pas que les meſmes choſes
qu'on voit en la Lune ne paroiſſent ez autres
Eſtoiles, le Teleſcope nous fait voir vne montagne dans Mars, des taches ez autres Eſtoiles, &
que Vénus fait ſon plain, & diminuë comme la
Lune.

Chap. V. auquel est prouuée cette opinion de
plusieurs Mondes, en ce que la terre est
vne Estoile comme les autres.

LE Chapitre precedent nous faisant voir comme la terre paroistroit lumineuse à ceux qui
seroient fort haut esleuez, à cause qu'elle refles-
chit les rayons du Soleil qui mesme suiuant les diuers endroits qu'il en esclaireroit luy feroit auoir
le croist & le descroist, considerans aussi que les
montagnes veuës de loin reluisent, & que selon
Milichius les champs qui sont vers la montagne
Hesperie reluisent la nuict comme des astres,
voyans d'autre part que la terre est mobile comme nous le prouuerons cy-apres, qu'elle est si-
tuee dans les airs & balancee sur son propre poids,
& que les airs sont le Ciel, comme les sainctes
Escritures nous le prouuent suffisamment lors
qu'elles confondent l'air auec le Ciel à tous mo-
mens, ne dirons nous pas doncques que la terre
est vne Estoile, placee dans le Ciel aussi bien que
les autres astres, i'aduouë que cela choquera tout
à coup les Lecteurs, mais ils m'aduoueront bien
qu'vn iaune d'œuf est dans sa coque, ils ne me
sçauroient de mesme nier que la terre ne soit dans
le Ciel qui l'enuelope de tous costez comme la
coque d'vn œuf, & que les espaces infinies des
airs qui sont le Ciel ne contiennent diuers corps
grandement esloigniez les vns des autres, &
par consequent la terre qui paroistroit estant re-
gardee de haut, petite & lumineuse peut estre vn
astre habité.

B 2

Or fi la terre eft vn aftre habité les autres aftres peuuent eftre de terres habitees, veu qu'ils fe trouuent tous comme la terre des grandes maffes lumineufes à ceux qui font fituez loin d'elles.

Et afin que perfonne ne m'oppofe que le Ciel eft vn lieu coloré, folide, & feparé des airs, ie le prie de confiderer que toutes les chofes efloignees nous paroiffent comme le Ciel, les montagnes mefmes & les mers veuës de loin nous femblent bluaftres, de forte que ce Ciel bleu que nous voyons n'eft pas vne chofe folide & reelle, mais la borne de noftre veüe en vn certain endroit des efpaces infinies des airs, qui font la place commune ou font logez vne infinité de grands globes de diuerfes natures ou habitez de diuers animaux lefquels le Soleil qui eft au milieu efclaire efgalement & les illumine tous comme vn grand flambeau mis au milieu d'vne chambre en efclaire tous les endroits.

Chap. VI. prouuant le mefme par le grand nombre des aftres, & par leur nobleffe.

CEux qui s'imaginent que le nombre infini des corps celeftes foyent creé pour le globe terreftre, & pour l'vtilité de fes habitans font grandement trompez, car la raifon naturelle nous diffuade affez de croire que les chofes plus grandes feruent aux petites, & que celles qui font beaucoup plus nobles feruent aux viles & de moindre confequence, n'eft-il pas plus vray femblable que chaque globe faffe vn monde, ou vne terre particuliere, & que ce grand nombre de

mondes foyent fufpédus en l'air dôt le vafte efpace les conioint tous, comme des dependances
de l'eternel & diuin Empire, la grandeur de
tout l'vniuers eft compofee de ces diuerfes creatures, qui bien que grandement efloignees & dif-
ferentes les vnes des autres tant en nature qu'en
lieu, s'accordent toutesfois tellement en amour
mutuelle qu'elles compofent vne parfaite harmo-
nie dans le monde, or le Ciel ou air, eft leur commun efpace, & la mer dont les terres ou aftres font
les Ifles, qui ainfi les ioint & les fepare, & pourtant c'eft air eft plus pur autour des corps plus
parfaits, toutesfois ce corps fpirituel de l'air re-
çoit efgalement les influences & emanations de
chaque globe, & communique tres-promptement
à chacun celles de tous les autres.

*Chap. VII. auquel le mefme eft prouué par
vne raifon puifeé de la grandeur
des Eftoiles.*

PYthagore a fouuent appellé la terre vne lune,
& apres tout qu'eft ce qui empefche que la
terre ne foit auffi bien mife au nombre des Eftoiles
comme la Lune, veu que comme nous auons dit,
le corps de L'vne & de l'autre eft de matiere opa-
que & pefante, que l'vne & l'autre emprunte fa
lumiere du Soleil, que l'vne & l'autre eft folide
& reuerbere les rayons de ce flambeau du monde, que l'vne & l'autre iette des vertus & efprits
de foy, & que chacune eft fufpenduë en fon air
ou ciel & fur fon centre, & ayans toutes ces chofes de commun, ne peut il pas eftre que la Lune,

& par consequent les autres Estoiles plus grandes
quelle infiniment, ayent des habitans, & certes
cela surpasse toute croyance, que de si grandes
masses comme les astres qui surpassent la terre d'vn
grand nombre de fois, fussent oitiues & steriles,
qu'aucunes creatures ne les habitassent, & que
leurs mouuemés, trauaux & actions, se tournassent
seulement à l'vtilité de ce seul globe terrestre qui
est le plus vil & abiet de tous.

Chap. VIII. prouuant le mesme par la creation
multitude & societé des choses.

Dieu se trouuant par maniere de dire las de
solitude, sortit comme hors de soy, par la
creation, & s'escoula comme tout en creatures, &
leur commanda la multiplication, & n'est-il pas
aussi plus conuenant à la bonté & gloire diuine,
d'auoir fait vn seul vniuers comme vn Empire,
orné de diuerses sortes de diuers mondes comme
de Prouinces ou de Cités, & que ces diuers mondes soient les domicilles de tant de citoyens &
habitans sans nombre de diuers genre, & que toutes ces choses soyent creées pour la grande gloire
de leur eternel Architecte, & que le Soleil soit au
milieu qui les esclaire tous esgalement.

Chap. VIIII. Confirmant la pluralité des mon-
des par la priuation de la science des
hommes, apres le peché d'Adam.

Cette doctrine de plusieurs mondes ou globes
habités ne choque point les sainctes Escritu-

res, qui nous baillent seulement la creation de
celuy que nous habitons, duquel elle nous à mesme dit ce qu'elle nous en a laissé plus en discours
mystique que clairement ne faisant que toucher
legerement les autres creatures de l'vniuers, afin
de donner plus sujet d'admirer que de cognoistre
aux esprits foibles des hommes, decheus depuis
long-temps de la cognoissance des sciences, c'est
obscurcissement de la verité, & ces tenebres de
l'entendement humain ont esté vne partie des
peines que le peche d'Adam atira sur nous, à
cause duquel l'homme fut exclus des delices du
Paradis, de la volupté qui est en la cognoissance
des sciences, de la vraye cognoissance de la nature
& des choses celestes, afin que celuy qui s'estoit
esleué au desir mauuais des choses deffenduës, fut
iustement priué des cognoissances qui luy auoient
esté concedées.

Chap. X. Contenant vne raison prise de ce que
la terre n'est pas le centre du Monde,
mais le Soleil, auec vne description
de la sphere de Copernicus

THeophraste escrit que Platon sur sa vieillesse
se repentit d'auoir colloqué la terre au centre
du monde, & sainct Chrysostome dit que le vray
lieu & situation de la terre n'est pas cognu, & du
depuis Nicolas Copernicus tres-grand Astrologue, qui apres s'estre long-temps adonné à la
commune Astrologie en a recognu la fausseté,
à si bien establya cette opinion, & la renduë auiourd'huy tellement appprouuée des meilleurs

eſprits, que ie ne mets point en doute que la raiſon que i'en veux puiſer ne paſſe pour pertinente, il a appuyé ſon opinion par de belles demonſtrations qui ont renuerſé l'Aſtrologie anciëne, ſans pourtant renuerſer la ſcience, mais il a ſeulement trouué la verité & les meſmes prediċtions, aſpeċts & autres choſes neceſſaires par ſes nouuelles maximes, qui ont eſtably cette ſcience auec plus de clarté & de certitude, il colloque le Soleil au centre du monde, ou il eſt immobile, comme vn grãd flambeau au milieu de l'vniuers, & comme vn Roy ſur ſon ſiege, d'ou il regit tous les globes celeſtes qui ne ſont que de terres ſemblables à celle que nous habitons, au tour de la terre il fait mouuoir la Lune ſeule, & au tour du Soleil Venus & Mercure, & apres Mars, Iupiter & Saturne & les autres ſpheres enuelopent tout cela , & par ainſi la terre ſe trouue eſloignée du centre de l'vniuers, & dans le troiſieſme Ciel, de ſorte qu'eſtant diſtante du centre, il eſt tres-aiſé de dire que les autres globes de pareille ou meſme de plus vaſte eſtenduë qui ſont en eſgale diſtance du centre du monde qui eſt le Soleil , peuuent eſtre de globes habités de creatures dont nous ignorons les vrayes deſcriptions, On en peut voir la figure dans Campanella, Gaſſendi & autres Autheurs.

Chap. XI. prouuant la meſme choſe par le mouuement de la terre.

LE meſme Copernicus, qui apres Philolaus Crotoniate, Ecphantes Ponticus, Heraclidés Nicetas Syracuſius, Democrite, Timeus , Ariſtarchus

chus & Seleucus, a eſtabli & renouuellé l'opinion
du mouuement de la terre & du repos du Soleil,
nous donne par ce mouuement vn moyen de
prouuer encore noſtre opinion, car ſi la terre ſe
remüe dans les airs, & fait ſon cours comme les
aſtres loin du centre du monde, qu'eſt ce qui empeſche qu'elle ne ſoit miſe au rang des Eſtoiles, &
au contraire les Eſtoiles qui ont de pareils mouuemens, d'eſtre des terres, & ſi elles ſont des terres à quoy faire ſi elles ne ſont habitees, & afin
que nous ne diſions rien ſans le prouuer, le Chapitre ſuiuant prouuera le mouuement de la terre.

Chap. XII. prouuant le mouuement de la terre.

NOus auons promis cy-deſſus de prouuer le
mouuement de la terre, parce que nous en
auons tiré vn argument pour confirmer noſtre
opinion, bien que la plus part des honneſtes gens
croye maintenant ce mouuement de la terre comme eſclairciſſant mieux le cours des aſtres, les
ordres des cieux, & le flux & reflux de la mer, ie
ne laiſſeray pas d'en dire quelque choſe.

Le Ciel & les Eſtoiles auoient branlé trois
mille ans, tout le monde l'auoit ainſi creu, iuſqu'à
ce que Cleanthes le Samien, ou ſelon Theophra-
ſte Nicætas Syracuſien, s'aduiſa de maintenir
que c'eſtoit la terre qui ſe mouuoit ſur ſon aiſſieu,
& de noſtre temps Copernicus a ſi bien fondé
cette doctrine qu'il s'en ſert tresreiglement à toutes les conſequences d'Aſtrologie, & deſpouille
noſtre eſprit des impoſſibilitez que les Aſtrolo-

gues anciens nous faiſoient croire, car à leur con-
te il faloit que le premier mobile fit en vne minute
700640. milles & demy, & qu'vn meſme corps
eut des mouuemens, contraires n'eſt il pas plus
probable que ce ſoit la terre qui ſe tourne en
24. heures d'Occident en Orient, comme l'auoit
anciennement creu Timeus Locrenſis, Philolaus,
Aniſtarcus, Franciſcus Marius, & autres que
nous auons citez ailleurs.

Kepler, Longomontan, Origan , Campanella,
& autres de noſtre ſiecle, ont recogneu cette verité, & Galileus, ſemble eſtre de meſme opinion,
lors qu'il dit que ſi la terre ne tournoit la mer ne
pourroit auoir ſon flux ny ſon reflux.

Il en eſt de nous comme de ceux qui ſont ez Iſles
flotantes ou dans vne Nauire, qui croyent de ne
ſe remuer pas, & que au contraire, les bords de la
mer s'enfuyent d'eux, car nous ne pouuons aper-
ceuoir le mouuement de la terre, tant à cauſe de ſa
grandeur, que de ce que nous ne ſommes point
deſtachez d'elle.

Que ſi on oppoſe des paſſages de l'Eſcriture
ſainéte qui diſent que le Soleil eſt mobile & la
terre ſtable. ne ſuffira il pas de reſpondre, que
Dieu parle ſelon la croyance des hommes, comme il a fait ſur mille autres ſuiets, comme lors
qu'il appelle la Lune le grand luminaire, bien
qu'il y en ayt vne infinité de plus grands.

Quand à l'argument qu'on tire d'vne pierre
iettée de haut qui deuroit tomber fort loin de nous
ſi la terre tournoit. Ie reſpons que l'air roule auec
la terre. & qu'vn corps peſant met ſi peu de temps
à tomber, que la terre ne peut s'eſtre eſcartée de
luy par ſon mouuement en 24. heures,

On oppofe auſſi que les Tours tomberoient, &
que les nuées & les riuieres ſuiuroient toutes le
cours de la terre, mais ie reſponds que les nuées
ſont agitées des vents, & par ainſi ne peuuent ſui-
ure le cours de la terre, & quand aux Tours, elles
ne peuuent tomber, veu que le mouuement de la
terre n'eſt pas violent, & que les Tours tendent
touſiours à cauſe de leur peſanteur au centre de la
terre, & non à s'eſcarter de leur aſſiette:pour le re-
gard des Riuieres, la terre eſtant comme vne noix
de gale, il peut eſtre qu'vne Riuiere ira vers Oriēt
par la pente que ſon lit à vers le centre de la terre,
quoy que la terre aille vers Occident, ce qu'on
peut tres-aiſement comprendre ſi on s'imagine vn
homme qui ſe promenera dans vn bateau & por-
tera ſes pas vers Orient pendant que le bateau
va vers Occident.

On oppoſe beaucoup d'autres raiſons, aſſez
foibles, mais y ayant pluſieurs traittez touchant
le mouuement de la terre, qui en donnent la ſo-
lution,& qui concilient les paſſages des ſainctes
Elcritures ſur cette matiere, entre leſquels eſt
Foſcarinus & Barantzanus, i'y renuoyeray les
curieux, & me contenteray de ce peu que i'en
ay dit.

Chap. XIII. prouuant la pluralité des Mondes
par la varieté de toutes les choſes naturelles.

LA nature eſt ſi diuerſe en toutes ſes opera-
tions, & Dieu a mis vne telle varieté en tous
ſes ouurages que nous ne trouuons rien d'vnifor-
me en ce monde, tout y eſt diuers, & cette gran-

de diuersité nous fait admirer dauantage le Createur de c'est vniuers, s'il en est ainsi de la terre
qui est presque le plus petit des globes, que ne
le sera il pas des celestes qui sont infiniment plus
grands, c'est ce qui a meu Campanella à dire, que
bien que Dieu & la nature ne fassent rien en vain,
ce seroit en vain qu'il y auroit vn si grand nombre
d'Estoiles plus grandes que la terre, s'il ny auoit
en elles diuerses demonstrations des Idées de
Dieu, il est doncques raisonnable que non seulement les quatre Elemens soyent en chaque Estoile, mais aussi les hommes, bestes, & plantes, &
tout ce qui se void parmy nous, c'est ainsi que ce
fameux homme a parlé de nostre temps.

*Chap. XIV. des mesures & dimensions des
Astres, & leurs distances de la terre, &
proportions auec icelle, auec vn argument
pris de ces distances, pour prouuer la pluralité
des Mondes.*

OR parce que nous auons parlé souuent de la
grandeur des astres, & comme ils surpassent
la terre en estendüe, & de leurs distances infinies,
il ne sera pas hors de propos de les inserer dans ce
chapitre, ces distances sont vn peu diuersement
baillées par diuers Autheurs, mais la difference
estant petite cela ne nous importe pas, voicy les
distances que baille Carolus Rapineus en son liure appellé Nucleus Philosophiæ.
   La Lune est plus petite que la terre de 39. fois,
& selon Cardan de   39. fois & demy.

Mercure est plus petit que la terre de 1100. fois.
Venus de									37. fois.
Le Soleil est plus grand que la terre de 166. fois.
Mars,										1. fois.
Iupiter,									95. fois.
Saturne,									91. fois.

Les Estoiles fixes sont innombrables, mais celles que les Astrologues remarquët sōt 1022. & sont de 6. grandeurs, celles de la premiere grandeur sont 15 & sont plus grandes que la terre de 117. f.

Celles de la seconde grandeur sont 45, & sont plus grandes que la terre de				90. fois.

Celles de la troisiesme sont 208. & le sont de 70. fois.

Celles de la quattriesme qui sont 472, le sont 54. fois.

Celles de la cinquiesme qui sont 17. le sont 37. fois.

Celles de la sixiesme sont 49. & 5. nebuleuses, & 9. lucides, & toutes sont plus grandes que la terre,										18. fois:

Le concaue de la Lune est esloigné du centre de la terre 14291. lieües, c'est à dire		28541. miles.
Du centre de la terre à Venus il y a 5 42749. mi.
Au Soleil,						3640000. miles.
A Mars,							3965000. m.
A Iupiter,						28847000. m.
A Saturne,						46816250. m.
Au concaue du firmament,			65357500. m.
L'espesseur de lorbe de la Lune est de 99504. m.
De celuy de Mercure,				334208. m.
De Venus,						3097251. m.
Du Soleil,						32500. m.

De Mars,   248820000. m.
De Iupiter,   1796y250. m.
De Saturne,   18541250. m.
Du firmament,   55357500. m.

Le diametre de la terre est de dix mile & huict cens miles, & selon Cardan de   10000. miles.

Sa circonference est de 31400. & selon Cardan de   31000. milles & demy.

Son Semidiametre est de   5000. miles.

Ces choses estans n'est-il pas vray-semblable que de corps si grãds & esloignés les vns des autres cachent en eux & contiennent quelque chose comme fait la terre, du moins ceux qui se meuuent & sont de planetes comme elle, & qui roulent au tour du grand corps lumineux du Soleil qui leur communique à tous la lumiere.

Chap. XV. auquel la pluralité des Mondes est prouuée par vne raison prise de la couleur des Astres.

SI nous voyons & discernons naïuement, non seulement par le visuel mais mesme par nostre propre veuë sans ayde d'aucun iustrument, vne grande difference és astres, en grandeur, couleur, lumiere, & autres façons, ne dirons nous pas que ces couleurs diuerses tesmoignent leur diuerse nature, & leur mixtion corporelle, & que par consequent ils peuuent estre des corps comme la terre.

Chap. XVI. prouuant le mesme parce qu'il ny à rien de vuide en la nature.

NOus ne pouuons rien remarquer de vuide en toute la nature, cela est passé pour vne ferme maxime, & a fait dire a Hermes dans son Asclepe, que toutes les parties de l'vniuers estoient tres-pleines, l'vniuers est plein de globes ou astres, ces astres & particulierement la terre ou nous sommes est remplie de mers & de fleuues, bestes à quatre pieds, hommes, oiseaux, & mineraux, les eaux sont remplies de poissons, ces choses ont encore en elles, & iusques en leurs centres, vne varieté si grande que leur anatomie nous porte dans l'admiration, enfin on se pert dans ces subdiuisions, & pourquoy les astres ne seront ils pas de mesme, veu que desia comme il a esté prouué par le Chapitre precedent nous y voyons quelque varieté, principalement en la Lune ou les montagnes & eaux sont euidentes, & se distinguent tres-bien par vne bonne lunete, au moyen de laquelle on a descouuert aussi vne insigne montagne dans l'Estoile de Mars

Chap. XVII. prouuant la pluralité des Mondes par la pluralité des hommes, & parce que les choses hautes sont comme les basses.

LE grand Mercure Trismegiste qui pour son sçauoir extraordinaire a acquis le nom de trois fois tres-grand nous a laissé ce bel aphorisme, que les choses basses sont comme les hautes, & au

contraire les hautes comme les baſſes, cela veut
dire, que ce monde nous eſt vn exemple pour ſans
qu'il en faille ſortir, auoir la cognoiſſance de ceux
qui roulent ſur nos teſtes, & meſme Dieu a mis
en nous meſme aſſés dequoy puiſer les raiſons de
toutes choſes, il ne faut que nous conſiderer, tout
le monde eſt d'aecord que l'homme eſt vn micro-
coſme, c'eſt à dire vn petit monde, de ſorte que
les hommes eſtans en grand nombre, les grands,
mondes le doiuent eſtre à l'image deſquels il a
eſté baſti, comme on void par ſa conformité auec
icelay, mais il faudroit faire icy vn liure de cette
conformité, c'eſt pourquoy pluſieurs Philoſophes
l'ayans deſcrite, ie la paſſeray ſous ſilence.

Chap. XVIII. ou le meſme eſt prouué par des raiſons priſes de la puiſſance de Dieu, de la raiſon humaine, de ce qu'il ny a rien d'vnique & autres conſiderations.

IE ne craindray point à dire que les hommes
qui nient cette belle opinion ſemblent s'irriter
contre eux meſme, accuſer Dieu d'impuiſſance,
& leur raiſon de fauſſeté, & afin que ie leur faſſe
prononcer l'Arreſt de leur condamnation par
autre bouche que par la mienne, ie veux qu'ils
eſcoutent ce grand Michel de Montagnes qui
paſſe parmy tous les plus honneſtes hommes
pour vn des plus raiſonnables qui ayent eſté de
ſon ſiecle, il tient ces meſmes paroles en ſon
apologie pour Raymond de Sebonde.

Ta raiſon n'a en aucune autre choſe plus de
veriſimilitude & de fondement qu'en ce qu'elle
 te perſuade la pluralité des mondes.   *Ter-*

Terramque, & folem, lunam, cætera quæ sunt,
Non esse vnica, sed numero magis innumerali.

c'est à dire

La terre, le Soleil & la Lune admirables,
Vniques ne sont point mais plustost innôbrables.

Les plus fameux esprits du temps passé l'ont
creüe & aucuns des nostres mesmes forcés par
l'apparence de la raison humaine, d'autant qu'en
ce bastiment que nous voyõs il n'y a rien seul & vn

Cum in summa res nulla sit vna
Vnica quæ gignatur, & vnica, solaque crescat.

ce'st à dire.

Veu qu'il ny a rien d'vnique dans ce monde,
Qui naisse seul, sur la terre ou sur l'onde,

Et que toutes les especes sont multipliées en
quelque nombre, par ou il semble n'estre pas
vray semblable que Dieu ayt fait ce seul ouurage
sans compagnon, & que la matiere de cette forme ait esté toute espuisée en ce seul indiuidu.

Quare etiam atque etiam, tales fateare necesse est
Esse alios alibi congressus materiai ;
Qualis hic est auido complexu quem tenet æther.

c'est à dire

Partant il est force de confesser
Qu'ailleurs y à des amas de matiere
Comme celuy quenuelope nostre air.

Notament si c'est vn animàl, comme ses mou-
nemens nous le rendent si croyable, que Platon
l'asseure, & plusieurs des nostres, ou le confirment,
ou ne l'osent infirmer.

Or s'il y a plusieurs mondes comme Democrite, & presque toute la Philosophie a pensé, que
sçauons nous si les principes & les reigles de ce-

tui-cy touchent pareillement les autres , ils ont à
l'aduanture autre visage , & autre police, mais
puis que tout est diuers en cestui-cy, voire en vne
petite distance, il est à croire que les autres mondes doiuent estre diuers, pourquoy Dieu tout-
puissant comme il est, auroit il restreint ses forces
à certaine mesure.

Chap. XIX. Par quelles raisons on peut prou-
uer que le monde est animé.

PVis que M. des Montagnes a parlé cy-dessus
de l'ame du monde, il ne sera pas hors de propos de faire voir par quels argumens se peut prouuer cette opinion afin qu'on ne croye pas qu'il
l'ait proposée mal à propos, outre que cela peut
seruir en quelque sorte à nostre suiet.

Si le monde est vn animal raisonnable , comme ont prouué beaucoup de grands personnages,
il ne sera pas estrange de croire que la terre ayt du
mouuement ny par consequent qu'elle soit vne
Estoile errante ou planete habité, & que de mesmes les autres astres peuuent estre habitez. Or si la
terre tourne n'est-il pas aussi necessaire d'aduoüer
que ce qui la fait mouuoir luy sert d'ame, comme
noitre ame fait remuer nostre corps: quelques vns
ont creu que Dieu estoit l'ame du monde , & qu'il
estoit dans l'vniuers comme l'ame dans le corps
humain, c'est à dire toutpar tout, & tout en chaque
partie & que par ainsi le môde pouuoit estre animé
& appellé vn grand animal rond, & comme dit
Montagnes n'est-il pas plus vray semblable que
ce grand corps que nous appellons le monde, est

chofe bien autre que nous ne iugeons; les Pythagoriciens, Xenophon, Platon, & toute fon Efco-
le ont enfeigné, & creu cette opinion, & apres
eux Marfile Ficin, & Hierome Fracaftor Mede-
cins celebres, & de noftre temps Campanella, qui
en prend à tefmoins, Seneque, Origene, Eufebe
& Gregoire de Naziance.

Que fi quelqu'vn difoit, le monde ne peut eftre
vn animal, veu qu'il n'a ny pieds, ny yeux ny
mains, ny autres parties comme les animaux, ie
les prie de confiderer, qu'il n'eft pas neceffaire
qu'il aye des pieds veu qu'il ne marche pas fur
les autres animaux, ny des yeux & oreilles parce
qu'il ne peut voir ny ouyr rien qui foit hors de
foy, mais les mains de cét animal mortel, comme
ceux qu'il contient, & que nous contenons font
fes rayons & vertus, fes yeux les aftres, fon fang
les eaux & ainfi il a d'autres chofes analogues a
nos membres, fans qu'il ait pourtant befoin des
membres que nous auons, ny à il pas de beftes
monftrueufes à noftre efgard qui pourtã t viuent à
leur aife, & font parfaites en leur genre, elles fe
paffent fort bien d'auoir les membres que nous
auons ny leur fituation comme celle des noftres.
Combien de poiffons y a-il qui ont la bouche au
ventre, les yeux & les autres parties en de lieux
extrauagans, d'autres beftes ont le fiel à la tefte &
à la queuë, & mefme il y a des hommes qui ont
la tefte dans la poitrine, ainfi le monde peut eftre
fabriqué d'vne façon qui nous eft incognuë, fon
mouuement tefmoigne fa vie, & le flux & reflux
des eaux fa refpiration, il y à beaucoup d'autres
raifons pour prouuer la mefme chofe, mais ie

D 2

renuoyeray les curieux à Platon, Sextus, Empiricus, Ficin, Macrobe, Campanelle, & autres pour
esuiter d'estre prolixe.

Chap. XX. prouuant la pluralité des Mondes
par vne raison tirée de l'infinité des causes,
& par les taches de la Lune dont l'Au-
theur a baillé la figure

LES taches de la Lune, dont Plutarque a fait
vn traitté dont nous pourrions icy rapporter
beaucoup d'obseruations, nous sont vn assez
vray-semblable tesmoignage que la Lune est côme la terre, garnie de riuieres & de mers, de montagnes, valées & autres choses pareilles, car ses
taches ne sont point l'ombre de la terre comme
quelques vns ont pensé, veu qu'elles ne changent
iamais de forme comme elles feroient selon les diuerses parties de la terre ausquelles la Lune res-
pondroit par son mouuement, & veu qu'elles n'ôt
aucune conformité auec la terre ny auec les mers,
& pour vn dernier en ce que nostre veuë, aydée
des meilleures lunetes y obserue les mers, & l'e-
minence de diuerses montagnes & autres choses
notables, on en peut voir les cartes & figures im-
primées dans Heuelius, Argolius, & plusieurs autres, & dans mon liure de Telescopio imprimé à
la Haye, c'est pourquoy ie ne le repeteray pas icy.

Ces taches font voir qu'elle participe de la nature elementaire, & terrestre, & par consequent
des autres Elemens, c'est ce qui a fait dire à Platon que les Estoiles estoient composees de terre,

& de feu, à cause de leur lueur, & de leur masse corporelle.

Encore peut on prouuer cette pluralité des mondes par la varieté des causes qui le composent, & les diuerses combinations qui s'en peuuent faire, c'est l'argument duquel se sert Metrodorus dans Plutarque au liure des opinions des Philosophes ou il dit, que la ou sont les causes, les effets y doiuent aussi estre, & les causes du monde estans en grand nombre les mondes le doiuent estre aussi, les causes du monde sont les quatre Elemens, & autres que nous pouuons ignorer, ou l'infinité des atomes de Democrite, si nous n'aymons mieux dire que c'est Dieu, lequel estant infiny, a de mesme creé infinité non seulement de mondes, mais de toutes choses, & certes ce seroit comme dit le mesme Philosophe vn laid spectacle, s'il ny auoit qu'vn espy de bled dans vn fort grand champ, il en seroit de mesme du Ciel, s'il estoit vray qu'il n'y eut qu'vne terre.

Chap. XXI. auquel le mesme est prouué par des raisons tirées des obseruations de Galileus & autres côme des Estoiles de Iupiter, & des taches du Soleil.

CE grand Galileus qui ne sembloit estre nay que pour esclaircir les doutes de l'Astrologie, a descouuert par sa merueilleuse inuention des lunctes qui portent son nom des choses nouuelles dans les astres, il est le premier qui a dressé ses telescopes ou visuels vers les cieux, & a veu par leur moyen que la voye de lait estoient de petites eftoiles qui confondent leur lumiere par leur proximité, & grand nombre, il a apperceu auſſi la ſuperficie lunaire, non vnie, mais raboteuſe & pleine d'eminences & cauités.

Il a remarqué que l'eſtoile de Venus imitoit le cours de la Lune, eſtant tantoſt pleine, tantoſt à demy, & tantoſt en faucille, & a obſerué la ſenſible mutation des grandeurs aux diametres de Venus & de Mars, choſes tres-importantes pour les theories de Copernicus & de Tychobrahe.

Il a fait honte au Soleil luy deſcouurant ces taches que durant tant de ſiecles il auoit enſeuelies dans ſa lumineuſe obſcurité, & que ces taches n'eſtoient pas fixes & eternelles comme celles de la Lune, mais qui diſparoiſſent & renaiſſent de nouueau, ſe tournans autour du Soleil : il a trouué auſſi 4. nouueaux planetes qu'aucun Aſtrologue ancien n'auoit remarqués, qu'il a nommés, Aſtres de Medicis, en faueur de ſon Prince, ces planetes ſe meuuent à l'entour de Iupiter ſeulement, ce qui a obligé quelques vns à croire que Iupiter eſtoit vn autre monde ou vn autre Soleil autour duquel rouloient d'autres planetes comme au tour de celuy qui nous eſclaire.

Il a obſerué de plus que l'eſtoile de Saturne auoit trois corps, en ayant deux autres a ſes coſtés, & que l'eſtoile de Iupiter eſtoit tacheé de ceintures ou zones qui la ceignent, ce qui ſe void tres-naïfuement par les teleſcopes fabriqués par Torricelli Florentin qui les fait en grande perfection.

Ce ſont les belles obſeruations de c'eſt illuſtre perſonnage, qui quoy que petit de corps auoit vn eſprit ſi grand que tout le monde a compati à

sa perte, il deuint aueugle pour auoir trop tra-
uaillé à ses obseruations, & celuy qui auoit fait
bien voir tout le monde, n'a peu iouir de la lumiere ny de son inuention.

A toutes ces obseruations Foscarinus adiouste
qu'on a veu Venus Tricorpore comme Saturne &
que Iupiter a quatre corps, Mais selon Gassendus
Fontana Neapolitain à à present le plus excellét
telescope qui soit au monde, par lequel il a veu
les quatre planetes qui sont au tour de Iupiter
comme quatre Lunes, deux au tour de Saturne
qui forment par fois à ces costés comme deux
anses: en Mars, vn petit globe au milieu d'iceluy,
& a ses bords vn cercle noirastre, & au tour de
Venus deux Lunes ou estoiles.

Chap. XXII. prouuant la pluralité des Mondes
par le moyen d'vne raison prise des nuées,
& des eaux surcelestes.

PAr le telescope nous voyons voler au tour
du Soleil des nuées, qui ne peuuent s'esleuer
que de la Lune, des autres estoiles, ou peut estre
du Soleil mesme, parce quelles sont par dela la
region des meteores, Or si les astres engendrent
des nuées ils ont en eux des eaux, si l'element de
l'eau y est, celuy de la terre & les autres ont mesme priuilege d'y estre, or qu'il y ait des eaux, le
premier chapitre du Genese le prouue clairement
lors qu'il dit, puis Dieu dit qu'vne estendüe soit
entre les eaux, & qu'elle separe les eaux d'auec
les eaux, & Dieu fit l'estendüe & separa les eaux
qui sont au dessous de l'estendüe de celles qui

font au deſſus de l'eſtenduë, & nomma l'eſtendüe
Ciel, & les eaux du deſſous des cieux mer, Eſdras
dit le meſme en ces termes, c.6. tu cõmãdas qu'vne
partie des eaux ſe retiraſt en haut & l'autre en bas,
Ces eaux ſurceleſtes ou font elles ie vous prie ſi
elles ne font dans les aſtres, car de dire qu'elles
font dans les nuées, c'eſt vne foible raiſon, veu
qu'outre qu'elles ne pourroient contenir des mers,
il eſt dit au Geneſe c.1. que Dieu n'auoit encore fait
monter aucune vapeur de la terre, ny deſcendre
aucune pluye ſur icelle, & par conſequent il ny
auoit point de vapeurs d'eſleuées pour les former,
& qui les auroit eſleuées veu qu'il ny auoit encore
de Soleil qui eſclairaſt le monde.

Tendons doncques les yeux vers les cieux, &
comme de nouueaux Gymnoſophiſtes qui regar-
doient perpetuellement le Soleil, remarquons y
de nouueaux mondes dont il eſt merueilleuſement
enrichy, qui font diuers en grandeur, lumiere &
autres qualitez, ne ſoyons point comme ces villa-
geois qui n'ayans iamais veu de grandes Villes ne
peuuent comprendre qu'il y ait d'autres Villes
plus belles ny plus grandes que leur village, mais
eſleuons nous iuſques aux choſes les plus eſloi-
gnées, par la nobleſſe de noſtre eſprit, quoy que
ce ſoit vne tres-haute entrepriſe, ò que bien-heu-
reux eſt celuy, qui quand il luy plaiſt peut deſta-
cher ſpirituellement ſon ame, & par ſes belles meditations l'eſleuer à la cognoiſſance & contempla-
tion de ces mondes, lors qu'on ſe l'eſt renduë fa-
miliere, & s'eſt deſpoüillé de toute preoccupation,
on ne trouue rien de plus doux, ny de plus vray-
ſemblable. Qu'elles lettres & quel particulier
privilege

priuilege ont ceux qui croyent le contraire, que nous nous deuions arrester a eux, & qu'a eux appartienne a iamais la possession de nostre croyance. On nous feint cinq zones au Ciel & autres choses qui ne sont que songes & fanatiques folies, vous diriez qu'ils ont esté la haut pour le voir, nous leur pouuons dire ce que dit autresfois Diogene a quelqu'vn de cette estoffe, depuis quand es-tu venu des cieux. Il nous est doncques permis d'establir aussi bien qu'eux de nouuelles maximes, & de croire par la force de nos raisons ce que nous auons proposé, & non ce que les autres nous racontent sans raison ny vray-semblance; que ne plaist il a la nature nous ouurir vn iour son sein & nous faire voir au propre la conduite de ses mouuemens, & ce qui est contenu dans ces grandes masses qui brillent dans les cieux, quels abus & mescontes trouuerions nous en toutes les sciences.

Chap. 23. auquel est prouué le mesme par vne raison prise du lieu ou s'arrestent les nuées sans aller plus auant.

Nous auons cy-dessus parlé des nuées, & en auons tiré vn argument pour prouuer nostre opinion, nous en pouuons encore tirer cestuicy à sçauoir, que les nuees & vapeurs estans legeres deuroient monter sans borne iusques à perte de veue, s'il n'y auoit d'autres globes terrestres dans le Ciel, ny d'autre atraction que celle du centre de la terre, mais nous remarquons que mesme au plus fort de l'esté les nuées ne montent qu'vne

lieue & demy, & que les plus fortes vapeurs ne
montent que douze lieues d'Alemagne, d'ou nou
deuons colliger qu'elles montent iuſques à la bor
ne de l'actiuité & atraction du centre de la terre,
ne pouuãs paſſer plus outre parce que ce ſeroit tendre en bas a ſçauoir vers le centre de quelque autre globe terreſtre. Mais pour me donner mieux à
entendre il faut remarquer que comme l'aimant à
vne certaine force d'attirer le fer ou de mouuoir
les aiguilles des bouſſoles, iuſques à certaine diſtance & non au dela, que de meſme la terre, qui
ſelon quelques vns eſt vn grand Aimant, dont la
circonferance & actiuité s'eſtend iuſq̃ues à certaine hauteur vers la Lune, & les autres aſtres ont
de meſme vne ſemblable circonference iuſqu'à laquelle leur vertu & atraction de leur centre ſe peut
eſtendre, de ſorte que les nues eſtans paruenues à
cette diſtance qui fait vn milieu entre nous & la
Lune s'arreſtent, ne pouuans aller au dela parce
qu'elles deſcendroient vers la Lune ou vers quelque autre aſtre, ce qui ſeroit contre leur naturel
qui eſt de monter touſiours, de ſorte que ſi vn
corps peſant, comme vne pierre iettée, pouuoit
aller par dela le point d'atraction de la terre, elle
ne tomberoit point ſur la terre, mais ſur l'aſtre
duquel le point d'atraction s'eſtendroit iuſques au
lieu ou ſeroit allee cette pierre, c'eſt ce qui a fait
dire à Bacon dans ſon liure de *Progreſſu ſcientiarũ*,
que Gilbertus n'auoit pas douté mal à propos
que les corps graues, apres vne grande diſtance
de la terre, deſpouilleroient peu à peu le mouuement qu'ils ont vers les choſes inferieures.

Chap. XXIIII. contenant vne raison prise de l'Oiseau de Paradis.

CE nouueau monde que nos peres ont descouuert parmy vne infinité de rares choses qu'il nous a communiquées, Nous a fait part d'vn oiseau que les Indiens appellent Manucodiata, c'est à dire oiseau de Dieu, ou de Paradis, c'est oiseau est si beau qu'il ny en a aucun sur la terre qui l'esgale, sa figure est aussi d'vne façon si extraordinaire que iamais on n'en a trouué aucun comme celuy la, car il n'a ny pieds, ny vrayes aisles, mais à comme vne robe de plumes faites d'autre façon que celles des autres oiseaux, on ne le trouue iamais que mort sur la terre ou dans la mer, personne n'a veu ny ses œufs, ny son nid, & on asseure qu'il vid de l'air, c'est oiseau ne se trouuant iamais sur terre n'est il pas raisonnable qu'il vienne de quelque astre, ou il nait & vit, & que s'estant esleué par dela le point d'attraction de l'Estoile qu'il habite, il meurt par le changement de son air natal auec celuy qui ne luy est pas propre, & mourant tombe sur nostre terre. Or si dans les astres l'on trouue des oiseaux il faut que le reste des animaux y soyent puis que tous ont mesme droit d'y habiter. Et quãd mesme ce que quelques vns asseurent seroit à sçauoir, qu'il à des pieds mais courts, ou qu'on luy coupe pour le faire trouuer plus rare, cela n'empesche pas la raison qui s'en tire pourueu que le reste de sa nature soit veritable, que s'il a des pieds cela se doit entendre de quelqu'vne de ses especes seulement, car il y en

a de 5. ou 6. fortes dans Aldrouandus dont les
vns ont de pieds & non les autres

Chap. XXV. auquel eft rapportée vne raifon prife des Eclipfes.

AVant la creation de tout cét vniuers Dieu
s'efclairoit luy-mefme, & fe contemploit, il
eltoit comme vn Liure fermé qui enfin s'eft ou-
uert, & a comme eftale c❍ qu'il receloit en foy,
de forte que l'vniuers n'eft qu'vne image euidente
de fa diuinité cachée, il y eft par tout comme l'a-
me en tout noftre corps, & compafle par fa volonté tous les mouuemens des Spheres, parmy
toutes lefquelles il a eftendu les airs comme vn
parchemin qui fe roulant au iour du iugement
fera reduit au filence ancien, ou pour mieux dire
dans le neant.

C'eft ordre admirable qu'il a eftably fe void en
cét inuariable cours des planetes fur lequel les
Aftrologues font de certaines Ephemerides pour
vn grand nombre d'années, & predifent les Ecly-
pfes des fiecles à venir, fans les manquer d'vn moment.

Ces aftres eftans de mefme nature s'eclypfent
les vns les autres, la terre eclypfe la Lune, la Lune le Soleil, & ainfi des autres, fi leur petiteffe
n'eft furmontée par la grandeur de ceux qu'ils
veulent obfcurcir, comme le tefmoigne l'Obfer-
uation d'Auerroes qui a veu Mercure dans le centre du Soleil, lequel y paroiffoit noiraftre, fa lumiere s'il en à, eftant amortie par la prefence du
Soleil.

Or de ces Eclipses, ou defauts de lumiere es
Estoiles, nous pouuons tirer vn ferme raisonnement pour confirmer nostre opinion, car cela
tesmoigne qu'ils sont de nature terrestre, & que
leur lumiere est empruntee, la Lune paroist noire
lors que la terre l'empesche d'estre esclairée du
Soleil, & plusieurs Philosophes ont creu que toutes les Estoiles empruntoient leur lumiere du Soleil, elles sont doncques opaques de leur nature,
& par consequent terrestres, & enfin peuuent
auoir de mesmes diuersitez que la terre, comme
des hommes, bestes, plantes, & tout ce qui se
void icy bas parmy nous, comme ont estimé les
Pythagoriciens, & à quoy s'accorde Copernicus.

Chap. XXVI. *prouuant le mesme en ce que ce seroit faire agir Dieu par necessité.*

S'IL n'y pouuoit auoir diuers mondes en c'est
vniuers Dieu ne pourroit pas agir auec toute
puissance & liberté, mais par quelque necessité, ce
qui seroit vne grande impieté à le penser tant seulement, car Dieu peut asseurement non seulement
auoir faits d'autres mondes, mais mesme de beaucoup plus parfaits, car sa puissance ne s'est pas es-
puisee, ny la matiere qu'il pouuoit créer du neant
aussi bien que celle de nostre terre, partant comme il a creé ce monde, il en a peu créer d'autres.

Chap. XXVII. *comment verrions nous la terre si nous estions esloignez d'elle.*

QVelqu'vn pourroit demander si les astres
sont des terres, & la terre vn astre comment

verrions nous la terre si nous estions esloignez
d'elle , Clauius en son docte Commentaire sur
Sacrobosco, a pris la peine de faire des supputa-
tions sur cette question, & a trouué que si quelqu'vn estant placé dans le globe de la Lune regardoit la terre , elle luy apparoistroit trois fois
plus grande que la Lune ne nous apparoist grande
d'icy, & vn peu d'auantage, & si on estoit dans le
globe du Soleil on la verroit deux fois plus grande que Venus, si on la regardoit du ciel de Mars,
si elle paroissoit lumineuse de c'est endroit, on la
iugeroit de la grandeur d'vne Estoile de la sixies-
me grandeur, & si on estoit dans les plus hauts
cieux on ne la verroit nullement, c'est dit-il la
commune opinion des Astrologues.

Chap. XXVIII. du nombre des Mondes.

ON pourroit aussi demander en quel nombre
sont ces mondes, mais bien que ce soit vne
chose que nous ne sçauons de certain, veu le grãd
nombre des Estoiles que nous voyons, & mesme
d'un plus grand que la foiblesse de nostre veuë
nous desrobe, & qui ne nous paroissent point, ie
rapporteray toutesfois les opinions de quelques vns sur cette question, le Philosophe Baruc,
& Clement disciple des Apostres selon Origene
en mettent sept entendans possible les sept planetes, vn ancien selon Plutarque au traitté de la
cessation des oracles croyoit qu'il y auoit cent
huictante-neuf mondes rangez en triangle, chaque costé en contenant 63. Petron Sicilien selon
Hippis de Rege croyoit la mesme chose touchant

le nombre des mondes, mais les thalmudiftes paf-
fans plus auant difent qu'il y en à 19. mille; & Democrite les a creus infinis & innombrables.

Chap. XXIX. *De diuers anciens Philofophes qui ont creu la pluralité des Mondes.*

PYthagore qui eft le premier qui a nommé le
contenu de l'vniuers mondes, eft auffi vn des
principaux qui en a creu la pluralité, il a eu beaucoup de fectateurs qui ont continué à eftablir cette croyance, car Socrate a tenu publiquement
que les mondes eftoient infinis, comme fit Arche-
laus fon difciple, qui le perfuada à Xenophanes
Colophonien, lequel auffi affeura qu'il y auoit
dans le môde plufieurs Lunes, & plufieurs Soleils.

La mefme chofe a efté creüe par Meliffe Samien
difciple de parmenides, Zeno Eleate fon compagnon, & fon difciple Leucippe Eleate, Democrite de Milet Auditeur de Pythagore la affeuré,
& dit qu'en ces mondes les aftres eftoient plus
lumineux & plus beaux, ce que i'eftime pouuoir
eftre felon leurs proximités pour laquelle opinion
ce Roy des Abderitains paffa parmy fon peuple
ignorant pour auoir perdu le fens, & à cét effet
enuoyerent appeller Hipocrate pour le guerir de
cette infirmité, mais Hipocrate le trouua fort fain
d'entendement & ne dit rien contre cette opinion
qui obligeoit Democrite à rire perpetuellement
pour fe mocquer de ceux qui lignoroient; nous
auons parmy nous la lettre d'Hipocrate fur ce
fuiet laquelle Ioubert nous a donnée en françois
dans le liure qu'il a compofé touchant le ris.

Diogene Apolloniate difcy, le Danaximenes &
Seleuque ont auffi prouué par diuerfes raifons la
pluralité des mondes.

Orphée, Origene, & le Philofophe Baruc,
Anaxagore & plufieurs ftoïciens aduoüent la
mefme chofe, Pline femble auffi auoir efté de cette
opinion felon la Popeliniere mais Anaximander,
Anaximenes, Epicure & autres fuiuant I. Franc.
Picus Mirandulanus, l'ont fouftenuë à haute voix.

Mahomet qui quoy que Turc n'a pas eu manqué
d'efprit pour eftablir fa croyance, a creu la mefme
chofe, & met fuiuant fon Alcoran diuerfes terres
& mers dans les cieux, & les quatre elemens, &
tout ce qui eft parmy nous dans chaque eftoile.

Epicure a dit que ces mondes eftoient les vns
fans Soleil ny Lune, que les autres en auoient
de plus grands que ceux qui nous efclairent, que
d'autres auoient plufieurs Soleils, qu'il y en auoit
de deftituez d'animaux, de plantes, & de toute
humidité, & qu'en mefme temps que les chofes
font icy comme nous les voyons, elles font toutes
pareilles, & en mefme façon en plufieurs autres
mondes, ce qu'il eut encore mieux creu s'il eut
veu l'accord des Indiens auec nous en diuerfes
chofes.

Icetes Pythagoricien & Philolaus, ont creu
deux terres oppofeés, & Picus de la Mirandole a
efté contraint de dire qu'il croyoit que la Lune
eftoit vne terre femblable à la noftre, eftant en cela
conforme à ces Pythagoriciens qui par fois appel-
loient noftre terre vne Lune, & la Lune la terre
Fraçaftor Medecin Veronois (fuiuant la doctrine
d'Eudoxe, Callippe) & tant d'autres font creu que

pour

pour euiter d'estre ennuyeux ie les passeray sous
silence.

Mais puis qu'il y a tant de Philosophes qui ont
soustenu cette opinion, on me pourra dire que
ie n'en suis pas l'inuenteur, à ceux la ie responds
que c'est asses que ie la renouuelle & en traitte,
ex professo, ce que personne n'a encore fait iusques
à present.

Chap. XXX. des choses qui sont dans la Lune & autres Astres.

Bien que les anciens n'eussent point l'aide des
Lunetes d'aproche que nous auons, qui nous
ont fait voir comme de nouueaux lyncees, les
mers, les montagnes, & autres choses plus confi-
derables qui sont dans la Lune, neantmoins ils
ont bien osé dire de choses plus particulieres des
astres car les Pythagoriciens, & Orphée ont creu
que la Lune estoit non seulement de couleur de
terre, mais qu'elle contenoit des hommes, des
bestes, & des arbres quinze fois plus grands que
les nostres, ou 50. selon Herodote qui mesmes dit
qu'il y a des villes, Xenophanes a aussi estimé qu'il
y auoit des hommes dans le sein de la Lune, &
Anaxagore & Democrite ont dit qu'elle contenoit
des montagnes, des valées, & des champs.

Lucian au chap. de la vraye histoire & l'Arioste
chant. 24. ont raconté aussi des particularitez de
ce qui est dans la Lune, mais le premier en dif-
courant fabuleusement nous ne faisons nul estat
de ce qu'il dit, bien qu'il en aye puisé vne partie de la doctrine des anciens Philosophes.

Plutarque au traitte de la Lune dispute de part
& d'autre si la Lune est habitee & est vne terre
comme la nostre, & panche tantost d'vn costé
tantost de l'autre, mais il semble enfin l'auoir creu
à cause qu'il respond à diuerses obiections qui se
pourroient faire contre cette opinion.

Bacon desire qu'on iette serieusement les yeux
sur les opinions de Pythagore, Philolaus, Xenophanes, Anaxagore, Parmenides, Leucipe, & autres anciens Philosophes, nous proposans de
trouuer la verité, & souhaite que quelqu'vn com-
pose quelque liure touchant leurs opinions, ce
traitie en est vne piece, & partant nous accom-
plissons auiourd'huy le desir de ce grand person-
nage.

Le Poëte Lucrece que nous auons cité cy-dessus a creu fermement cette opinion, il la tesmoi-
ne en diuers endroits de ses œuurés, & principalement en ces vers, outre ceux que nous auons
rapportez au chapitre 18.

Esse alios alibi terrarum in partibus orbes,
Et varias hominum gentes, & secla ferarum,
Huc accedit vti in summa res nulla sit vna,
Vnica quæ gignatur & vnica solaque crescat.

C'est à dire,
Ailleurs y a d'autres mondes nouueaux,
Hommes diuers, & diuers animaux,
Veu qu'il ny à rien d'vnique en ce monde,
Qui naisse seul sur la terre ou sur l'onde.

Et ailleurs.
Prætera cum materies est multa parata,
Cum locus est præsto, nec res nec causa moratur
Vlla geri debent nimirum & confieri res.

C'eſt a dire,

Veu qu'il y a quantité de matiere,
Et que le lieu & les cauſes y ſont,
Ces choſes donc doiuent eſtre en lumiere,
Et les humains aduouer les deuront.

Paracelſe a dit que dans les cieux y auoit des ſortes d'hommes appellez Torteleos, & Pennates, pour leſquels Ieſus-Chriſt n'eſt pas mort, dont les vns ſont ſans ame, les autres ne ſont pas compoſez de tous les quatre elemens, & il en nomme encore d'autres d'ont perſonne n'a parlé que luy.

Quelques Stoiciens ont creu qu'il y auoit de peuples non ſeulement en la Lune, mais dans le corps du Soleil, & Campanella dit que ces viues & reluiſantes demeures peuuent auoir leurs habitans qui ſont poſſible plus ſçauans que nous, & mieux informez des choſes que nous ne pouuons comprendre.

Mais Galileus qui de noſtre temps a veu clairement dans la Lune a remarqué qu'elle pouuoit eſtre habitée, veu qu'elle a des môtagnes, &c. car les parties plaines ſont les obſcures, & les môtueuſes les claires, & qu'il y a autour des taches comme des monts & des rochers, c'eſt pour cela que quelqu'vn a dit que les aſtres ne reluiſent qu'à cauſe de leur irregularité, ſouſtenans que nous ne les verrions pas s'ils eſtoient ſans montagnes pour reflechir la lumiere du Soleil.

Chap. XXXI. contenant la solution de quel-
ques obiections qui se peuuent faire contre
la doctrine de la pluralité des Mondes.

MAis quelqu'vn dira, il ny peut auoir des
hommes ez aſtres ſemblables à nous, car
ils ny pourroient pas viure, veu que les hommes
ſont diuers, meſme ſelon les diuerſes parties de
noſtre terre, & ceux qui montent en la haute mō-
tagne de Pariacaca ez Indes y meurent par la
trop grande ſubtilité de l'air, a quoy ie reſpons
que ces hommes doiuent eſtre diſſemblables à
nous ou doüez de corps plus forts, ou qui ont
vne telle proportion d'elemens en leur mixtion
que cét air ne leur eſt point nuiſible, mais au
contraire que Dieu les a faits propres à ne pouuoir viure ailleurs qu'en ces lieux ou il les a col-
loquez.

Et comme ſi nous n'auions iamais veu la mer,
nous n'euſſions peu croire que des eaux ſalées
euſſent nourri de poiſſons bons à manger, ny que
les terres de la Zone torride & glaciale euſſent peu
eſtre habitees, ainſi nous deuons croire que Dieu
a donné ordre à toutes les incommoditez qui s'y
pourroient rencontrer.

On pourroit auſſi oppoſer les incommoditez
que receuroient les habitans de la Lune à ſçauoir
les meteores, comme nuées & autres choſes qui
les infeſteroient, & feroient qu'il ny pourroit
naiſtre des plantes, mais nous leur reſpondrons
que ces meteores en ſont aſſez eſloignez, & que
au contraire ils en ſont moins moleſtez que nous

çar Galileus a veu par le Telefcope qu'il ne pleu-
uoit point dans la Lune, mais on me dira, comment donc y naiffent les plantes ? à quoy ie ref-
pondray, qu'elles y peuuent naiftre non feulement par l'humidité naturelle de la Lune, mais
auffi par des inondations de fes fleuues comme en
Egipte, ou on ne void pareillement aucunes
pluyes. Et ie dis plus que ces habitans de la Lune
ont plus de fuiet de nous oppofer ces mefmes obiections, veu que lors qu'ils regardent la terre à
trauers les brouillards & les nuages qui l'enuiron-
nent ils pourroient douter qu'elle contint aucune
creature.

Mais encore nous n'auons eu a foudre que de
foibles obiections venons à celle dont nos contre-
difans fe parent le plus qui eft celle du Prince
de leurs Philofophes à fçauoir Ariftote, qui
comme les Otthomans a voulu tuer tous fes fre-
res pour regner plus affeurement, c'eft à dire
abatre toutes les opinions contraires à la fienne,
or fa raifon eft telle.

S'il y auoit plufieurs mondes, la terre de ces
mondes fe mouuroit vers noftre terre, ou la noftre
vers celle des autres mondes, & ainfi les autres
elemens des autres mondes tendroient aux noftres,
& il ny auroit ainfi qu'vn grand tumulte & chaos
en la nature.

Cette raifon eft fi foible que Magirus eft contraint de parler en ces termes lors qu'il la raporté,
n'en pouuant pourtant trouuer d'autre, pource
qu'il ne fouftient pas la verité, toutes ces raifons
(dit-il) & autres raifonnemens Phifiques, ne
peuuent pas demonftrer clairement qu'il ay a

qu'vn monde, & Carolus Rapineus dit de mesme,
qu'on ne peut le persuader que foiblement.

Aristote ne comprenoit pas ce que nous auons
dit cy-dessus, à sçauoir que chaque monde à son
centre, ou tendent les choses pesantes qui sont
dans sa sphere mais il argumente sur vn faux fondement, faisant que la terre soit le centre de tous
les mondes & qu'il ny ait qu'vn centre pour tous,
sa raison seroit bonne si son fondement estoit bon,
car si ce qu'il dit estoit vray, il seroit necessaire
que toutes les choses pesantes tédissent vers nostre
centre, mais y en ayant plusieurs elles vont aussi
en diuers centres, car chaque astre à son centre
qui le souftient, & ainsi quoy qu'il soit de nature
pesante il est leger en soy-mesme. apres auoir dóné
si nettement la solution des obiections du Prince
des Philosophes, que doiuent attendre les autres
qui n'en ont pas de si bonnes.

Chap. XXXII. continuant à soudre les obiectiös
de diuers Philosophes contre la pluralité
des mondes.

ON nous oppose encore les argumens suiuans
premierement que ny ayant qu'vn principe
& premier moteur, ou qu'vn Dieu & premiere
cause, le monde deuant correspondre à son Ar-
chetype, il ny doit aussi auoir qu'vn monde,
mais nous auons fait voir cy-dessus le contraire,
en ce que Dieu estant infiny les mondes doiuent
estre infinis.

Pour vn second on dit que s'il y auoit plus
d'vn monde, l'Ecriture Saincte nous l'auroit com-

munique, mais ne nous parlant que d'vn seul, il
ny à pas d'apparence qu'il y en ait d'auantage,
à quoy ie respons que la saincte Escriture ne nous
parle clairement que du nostre, bien que pourtant elle accorde les autres en diuers endroits,
comme nous ferons voir cy-aprés, & qu'elle ne
nous parle qu'a la façon des hommes, de toutes
les choses celestes s'accommodant à nostre infirmité, & a l'opinion commune, comme quand
elle dit que le Soleil & la Lune sont les grands
luminaires, & pourtant la Lune est des moindres
estoiles, & il y en à qui sont autant grandes que
le Soleil, comme l'estoile de Canopus & autres,
& vne infinité de plus grandes que la Lune, ainsi
l'Escriture nous dit que Dieu se courrouce & se
repent, quoy qu'il ne puisse souffrir de mutation,
& partant elle peut en auoir fait autant du mouuement de la terre, & de la pluralité des mondes.

Pour vn troisiesme Platon forme cét argument,
la matiere qui est requise à la composition du monde n'est qu'vne & ramassée en vne seule masse,
& le ciel contient en soy tous les corps simples,
de sorte qu'aucune partie de la matiere ne peut
estre de reste, pour en composer d'autres mondes,
à cela ie respons qu'il n'est pas necessaire que toute
la matiere se soit espuisée à la creation de nostre
terre, ouy bien à celle de tout l'vniuers, mais quãd
elle auroit esté espuisée à la creation de nostre
seule terre, Dieu en pourroit encore créer de nouuelle, & pour le dernier i'aduoüe le tout veu que
cela ne fait pas contre moy, car ie comprens tous
les mondes ou terres dans les cieux.

Platon dit aussi contre cette opinion que le

monde feroit imparfait s'il ne contenoit tout, &
en fecond lieu qu'il ne feroit pas femblable à
fon patron, s'il n'eftoit vnique, & qu'il ne feroit
pas incorruptible s'il y auoit quelque chofe hors
de luy.

Mais à l'obiéction de l'vnité nous auons ref-
pondu ailleurs, ou nous auons fait voir que Dieu
eftant infini il y doit auoir infinis mondes, car
comme dit Sextus Empiricus, il ny à rien d'vnique de tout ce qu'on nombre dans le monde. Et
pour le dernier, Plutarque luy refpond, que le
monde ne laiffe pas d'eftre parfait bien qu'il aye
de compagnons, car l'homme eft parfait, & pourtant ne contient pas toutes chofes à laquelle ref-
ponfe i'adioufte, que Platon a entendu par monde, tout l'vniuers, or toutes ces terres ou mondes
ne faifans qu'vn vniuers, fes raifons ne peuuent
renuerfer aucunement ma croyance.

Timplerus forme encore cét argument, s'il y
auoit plufieurs mondes, ils auroient efté faits en
vain, parce qu'on ne peut montrer aucun vfage
d'iceux. Cette raifon eft fi foible qu'il fuffira de
dire pour la refuter que quoy que nous n'en fça-
chions les vfages ils ne font pas faits en vain, car
les Indes dont nous auons ignore les vtilitez, &
les terres auftrales qui nous font encore incognuës
feroiêt auffi creées en vain par cette mefme raifon.

Quelqu'vn oppofe auffi dans le fecond tome
des conferences du Bureau d'adreffe que s'il y
auoit d'aftres habitez, il faudroit d'autres aftres
pour y influer, & d'autres cieux à l'infiny, à quoy
ie refponds que ie ne me perfuade pas puiffam-
ment que les Eftoiles nous foyent vtiles, excepté
le Soleil

le Soleil & la Lune, il peut estre que ces astres se
communiquent & seruent les vns aux autres mutuellement, & par ainsi il n'est pas besoin d'vne
infinité de cieux.

Zabarella argumente enfin en cette sorte, s'il y
auoit d'autre monde, ce qu'il contiendroit seroit
ou semblable a ce qui est dans le nostre, ou different, s'il estoit semblable, ce seroit en vain que
les indiuidus seroient multipliez, si diuers, on ne
pourroit dire comment il est disposé, à cette obiection ie respons que les hommes & autres choses des Indes auroient aussi este creees en vain si sa
raison estoit bonne, & que combien que nous
ignorassions ce qui estoit en ces terres neufues, il
ne laissoit pas d'y estre, ainsi bien que nous igno-
rions l'ordre de ce qui est en ces autres mondes,
cela n'exclud pas leur existence.

Chap. XXXIII. donnant la solution de l'argu-
ment de Pacius contre cette doctrine.

Dans cét vniuers, consideré largement, peuuent estre remarquez plusieurs mondes con-
tenus sous iceluy comme les indiuidus sous les
especes, à cette raison Pacius s'efforce de respon-
dre que le monde tel qu'il est, comprend tout,
& que toute la matiere a esté consommee à sa
composition, & que partant il ny peut auoir d'autres corps hors de luy, car s'il y en auoit ils seroient simples ou composez, si simples ce seroient
le Ciel ou les elemens, or ils ne peuuent estre le
Ciel veu qu'il ne change pas de place totalement,
mais se tourne sur soy-mesme, ny pareillement

G

ne peut eftre vn element, veu qu'il feroit outre
nature, ny auffi vn mixte parce que s'il ny à de
corps fimples il ny en peut auoir de mixtes ?

Auquel ie refponds que comme i'ay dit ailleurs
par mondes i'entens des terres tant feulement, &
par vniuers ie comprens toutes les chofes du
monde, à la compofition defquelles i'aduoüe que
toute la matiere a efté employée, & hors defquelles il ny a d'autre vniuers.

*Chap. XXXIV. refpondant aux obiections de
Melancthon & autres qui difent que cette
doctrine tend à introduire de nouuelles
maximes contre les Religions.*

MAis encore quelqu'vn s'efleuera & dira auec
Melancthö que Dieu ceffa de créer, & fe re-
pofa, mais Moïfe au Genefe c. 2. n'entend que de
la creation de ce monde, & certes il eft plus conuenant que les vns finiffent, & que d'autres foyent
créez de nouueau, comme l'auoient iadis creu
Empedocle & Democrite. Dieu n'a pas mis de
bornes à fon pouuoir & il eft le mefme pour
créer encore qu'il a efté autresfois, & comme dit
la fapience c. 11. v. 19. il peut créer de nouueau
de beftes incognuës, partant cet argument & les
autres que Melancton nous oppofent font foibles,
ce qu'eftant contraint de confeffer luy-mefme il
dit en fa Phifique que bien que fes argumens ne
foient concluans neceffairement, il les faut pourtant confiderer, de peur que fi on croit d'autres
mondes, on ne croye auffi d'autres Religions &
autres natures d'hommes.

Pour moy ie ne voy point la de necessité que
pour y auoir plus de mondes, il falut auoir plus
de religions, l'augmentation de ce monde par les
descouuertes des Indes, n'a point causé de religion nouuelle, & bien loin que cela puisse ame-
ner à l'atheisme, ie croy fermement que ce
merueilleux ordre du monde qui desbroüille vn
vray chaos, que l'ignorance des hommes faisoit
entore regner, fera mesme aduoüer aux plus athées
qu'ils ne peuuent auoir pris naissance d'autre
que de Dieu seul, qui est le souuerain Createur
de toutes choses.

Melancton dit encore que s'il y auoit plusieurs
mondes il faudroit que Iesus-christ eut souuent
souffert la mort afin de les sauuer tous, mais que
sçauõs nous si ces hommes astraux sont meilleurs
que ceux qui sont en ce monde, dont Satan est
appellé le Prince, & ou il fait sa demeure, à cause
dequoy sainct Iean dit en l'Apocalipse c. 12. v. 12.
à ceux qui habitent ez cieux, esgayez vous cieux,
& vous qui y habitez, de ce que le Diable en est de-
ietté qui vous accusoit, & malheur à vous habitans de la terre vers qui il est descendu.

Et quand mesme nous serions asseurez que ces
hommes celestes auroient besoin de saluation,
Dieu a tant de moyens qui nous sont cachez,
pour les sauuer & se satisfaire, que nous ne deuons nous informer de ces choses, mais les croire
par foy, captiuans nostre intellect comme a bien
dit vn ancien Pere de l'Eglise. Mais dira quelqu'vn
qui est celuy qui croira cela, auquel ie repar-
tiray auec Platon, aucun meschant ne sçaura

iamais cecy, mais celuy qui en sera capable tant
seulement, que doncques ces hommes qui sont in-
dignes de ces cognoissances sublimes se retirent
d'icy, leur esprit grossier ne peut en comprendre
la subtilité, & comme les aragnées conuertissent
les meilleurs alimens en venin, ils appellent chemin de l'atheïsme ce qui est la vraye voye de la
cognoissance de Dieu.

Chap. XXXV. preuuant la pluralité des Mon-
des, par vne raison prise du lieu des Enfers.

Q Velque scrupuleux pourroit dire que la doctrine de ce Chapitre semblera choquer en
quelque façon la doctrine de l'Eglise, mais ie luy
respondray que si quelqu'vn s'esforçoit de prouuer qu'il ny à point d'Enfer, sa croyance deuroit
asseurement passer pour pernitieuse, mais de ne
faire que l'establir comme ie fay dans ce Chapitre,
& marquer le lieu ou il est, lors que les Theolo-
giens n'ont peu asseurer ou est son lieu, ie ne
trouue point la rien qui doiue choquer le Chri-
stianisme.

Or puis que nos corps doiuent resusciter pour
estre recompensez ou punis selon leurs merites, &
que le nombre des damnez doit surpasser celuy
des Esleus, il est necessaire que l'Enfer soit vn lieu
bien grand pour les comprendre & solide pour
les pouuoir soustenir, or il ne peut estre que dans
vn astre, & par consequent les astres peuuent
souffrir des habitans, car ils disent que c'est le centre de la terre, parce que c'est le centre du monde,
& le lieu le plus esloigné des cieux, or qu'il soit ne-

ceſſaire de le placer au centre du monde ie ne le
trouue pas, veu que Dieu eſt eſgalement par tout,
& qu'on ne peut s'eſloigner de luy, & que il eſt
tres ayſe de prouuer le contraire, non ſeulement
en ce qu'il ne ſeroit pas ſuffiſant pour contenir les
hommes damnés qui ont eſté depuis la creation
du monde, ny de ſe laiſſer penetrer à leur maſſe
corporelle, & que meſme la terre doit eſtre anean-
tie au jour du iugement ſelon Eſdras l. 4. c. 44.
Mais auſſi en ce que la terre n'eſt point le centre
du monde, mais le Soleil, Doncques le Soleil par
la raiſon de ſon eſloignement des cieux empirées,
comme il eſt rapporté par Foſcarin, doit eſtre le
vray lieu de l'Enfer, comme meſme ſa nature
ignee qui eſt requiſe aux lieux infernaux ſemble
le perſuader, mais ie ne puis me ranger à ſon
opinion, i'aduouë bien que l'Enfer dont eſtre dâs
vn aſtre, mais de le faire ſi beau que de le placer
dans le Soleil ie ny puis conſentir trouuant que les
damnés ne peuuent meriter vn aſtre ſi benin &
vtile,

Et ie trouuerois au contraire plus plauſible de
colloquer le Paradis dans le Soleil ſuiuant ce
paſſage *in ſole poſuit tabernaculum ſuum*, Dieu a
placé ſon tabernacle dans le Soleil.

Et pour prouuer auec plus de fermeté que
l'Enfer n'eſt point dans la terre il ne faut que
remarquer qu'il eſtoit creé pluſtoſt qu'elle, veu
que les mauuais Anges y furent relegués auant la
creation, à quoy s'accorde le ch. 1. v. 14. de la
ſapience, diſant, le Royaume des enfers n'eſt pas
en la terre,

Chap. XXXVI. prouuant la mesme pluralité des mondes par vne raison prise du Paradis, celeste & terrestre.

ON peut de mesme prouuer que le Paradis n'est ailleurs que dãs les estoiles, or il est certain que ce n'est point la terre, mais vne nouuelle terre, ou est la Ierusalem celeste, qui doit aussi estre solide comme la nostre pour nous pouuoir soustenir la ou toute sorte de contentemens se trouueront, & d'ou seront esloigueés toutes incommodités, ce lieu est preparé des long-temps aux hommes, & mesme que sçauons nous si nous serons dispersés en diuerses estoiles, Iesus-Christ nous asseure qu'il y a plusieurs demeures en la maison de son pere, & Esdras nous dit au l 4. c. 4. v. 7. combien y a-il de sources en l'estenduë du Ciel, & qu'elles sont les bornes du Paradis, possible qu'aprés anoir habité cette terre de miseres, ou la mort & les infirmités out esté le loyer de nos pechés, nous deuons estre introduits en ces hauts globes, ou nous deuons viure eternellement auec toute sorte de satisfactions, l'Apocalipse ne dit elle pas au c. 2. v. 28. à qui aura vaincu ie luy donneray l'estoile du matin, & Iob. au c. 38. v. 7. ne voit il pas par foy les estoiles du matin s'esgayer ensemble, & tous les enfans de Dieu chãter en triomphe, c'est alors que nous foulerons sous nos pieds ces miracles roulans, & si parmy ces glorieux obiects il nous peur souuenir des choses du monde, nous regarderons de ces vastes habitations auec vn tres-grand mespris ce morceau de

terre dont les hommes font tant de regions , &
cette goute d'eau, qu'ils diuifent en fi grand nombre de mers.

Ne peut-il pas eftre auffi que ce Paradis terreftre ou iardin d'Heden dont fut chaffé Adam,
eftoit le mefme lieu ou nous deuons retourner,
il en fut chaffé pour fes pechés, fans lefquels il
n'eut point gouſté la mort , & maintenant que
Iefus-Chrift les a effacés, nous y ferons introduits, Plufieurs anciens felon Munfter l'ont fitué
en vn lieu haut enuironné de feu touchant le
cercle de la Lune, & difent que la font Helie &
Henoch, ces anciens s'approchoient de ma croyance voyans les ineonueniens qui fenfuiuoient
de le fituer en ce monde, car de croire que ce Paradis ait efte fur la terre c'eft vne chofe affés diffi-
cile à croire, car il ne fert de rien de s'appuyer fur
le ɀom des fleuues & pais qui nous font nommés
dans la traduction de l'Efcriture Sainéte, puis que
les noms Hebrieux n'y font point conformes, &
que les traducteurs aduoüent qu'ils ne les ont in-
terpretés qu'à peu prés & par coniecture.

Et de plus ce Paradis ne fe trouue plus fur la
terre, ny ces fleuues qu'on dit eftre ceux que Moife
a entendus ne fortēt point de mefme fource, comme il eft rapporté de ceux du Paradis, & pour
vn dernier il feroit ridicule de croire que Dieu
eut chaffé fon peuple d'vn lieu, pour en permettre
l'habitation aux Turcs & aux Barbares , qui
iouyffent de tout le pays ou on fitué ce Iardin
delicieux: auant que finir ce chapitre ie raporteray
deux chofes notables, la premiere eft que comme
il ny à point de fi maunais liure ou il ny ait quel-

que chose de bon, aussi il n'y a point de religion
qui n'aye quelque bonne maxime, les Chinois &
les Turcs vaincus par les apparences ne metient
point en doute qu'aprés la resurrection ils n'aillent
habiter dans la Lune.

Pour vn second nous pouuons apporter ce
raisonnement, c'est que deslia il y a plusieurs corps
en Enfer, & en Paradis, en Enfer sont ceux qui
ont liuré leurs corps aux demons, & en Paradis
sont Helie & Henoch, or pour soustenir ces corps
il faut de lieux solides qui ne peuuent estre que
quelques astres, ou Dieu se manifeste plus visi-
blement, & ou sont ces costaux d'eternité dont il
est parlé dans Moise, ausquels nous deuons sou-
haiter d'aller faire nostre demeure, pour faire c'est
eschange si aduantageux, de cette valeé de miseres, auec ces corps glorieux.

Chap. XXXVII. prouuant la pluralité des
mondes par les responses des demons.

S'Il y a personne qui sçache la pure verité de
ces choses, & qui puisse decider cette question
à plain ce sont les demons, mais comment pourrons nous les enquerir sur ces matieres ? ie trouue
des moyens de le faire, il est certain que ces pans,
Syluains, & autres dieux qui apparoissent anciennement aux hommes estoient des Demons qui se
faisoient adorer, or vn Silene qui estoit de cette
nature, s'estant laissé prendre à Marsias luy raconta
qu'il y auoit d'autres mondes, ou les hommes
viuoyent au double plus que nous, & estoient
plus grands de stature.

Et dans l'hiſtoire du Magicien Fauſte il eſt dit
que ſes Demons le promenerent dans les Eſtoiles
durant huiĉt iours, & qu'il monta iuſqu'à quarante ſept mille lieuës de nous, & en montant apper-
çeut de loin la terre, ſes Villes. & autres choſes,
mais il ne s'eſtend guere ſur cette matiere.

Chap. XXXVIII. prouuant la meſme choſe par
vne raiſon tirée de l'inutilité de la
lumiere du Soleil & autres

S'IL ny auoit d'autres globes habitez par deſſus
le Soleil dequoy ſeruiroit la lumiere qu'il iette
du coſté d'enhaut, elle ſeroit bien inutile ſi elle ſe
perdoit dans les airs, elle eſt donc iettée ſur des
corps qui en ont beſoin qui ne peuuent eſtre que
les aſtres qui ſont obſcurs de leur nature, & ter-
reſtres comme la terre que nous habitons, car au-
trement ils n'auroient point beſoin de la lumiere
du Soleil.

Tant de raiſons ne ſeront elles pas capables de
ſurmonter l'obſtination, Alexandre le grand nous
doit montrer le chemin qui ayant ouy diſcourir
le Philoſophe Anaxarque ſur cette matiere, le
creut, & ſe print à pleurer, de ce qu'y ayant pluſieurs mondes il n'en auoit encore ſubiugé vn ſeul.

Chap. XXXIX. prouuant le mesme par les ra-
uissemens mutuels du Soleil que se font la
terre & la Lune, & par leurs qualitez
semblables, & autres raisons notables.

NOus pouuons dire que ce temps est venu duquel parle Seneque en sa Medée.

   Qua Typhis nouos deteget orbes.

Auquel on pourra apprendre de choses inouyes.

   Et tabula pictos ediscere mundos.

Nous le pouuons mesme dire auec plus forte
raison que luy, veu qu'il ne parloit que des Indes,
& nous parlons des mondes separez, & le prou-
uons par tant de raisons que ie crains de n'en
pouuoir trouuer la fin, car on peut encore le
prouuer en ce que la terre & la Lune se rauissent
mutuellement le Soleil ce qui tesmoigne leur
conformité, & en ce que toutes deux peuuent
souffrir Eclypse, & en outre par leurs communi-
cations mutuelles, qualitez froides, solidité &
scabroité qui ayde à nous la rendra visible car
plusieurs estiment qu'à peine la verrions nous
sans son irregularité qui cause sa clarté reuerbe-
rant mieux les rayons du Soleil.

A ces raisons i'adiousteray que si Dieu ayant
peu faire plusieurs mondes ne les eut pas faits,
sa puissance eut peu estre dite en quelque façon,
oisiue, inutile, & restreinte car bien qu'elle ne se
range à ses ouurages comme à sa fin, neantmoins
cela tendant à sa plus grande gloire, bien qu'il
n'execute tout ce qu'il peut, nous ne pouuons
asseurer, qu'il n'aye pas voulu faire diuers mon-

des, comme nous ne pouuons pas nier qu'il n'aye
eu le pouuoir de les auoir faits.

Pour vn troisiesme, la commune opinion aduoüe les quatre Elemens ez cieux, ils font vn
Ciel empirée, c'est à dire de feu, vn cristalin qui
est de nature aquatique, les astres solides, & par
consequent de nature terrestre, & constituent des
airs parmy ces Estoiles, doncques les quatre elemens font ez cieux, & pourquoy ne pourra-il pas
aussi y auoir des mixtes, & des effets puis que les
causes qui les composent s'y rencontrent, & pourquoy n'agiroient ils en eux mesme, si bien qu'ez
choses esloignées.

En quatriesme lieu, la creation d'vn monde
ou de plusieurs est vn ouurage qui depend de la
libre volonté de Dieu, & cela ne peut estre nié
par aucune raison naturelle, car Dieu n'agist
point necessairement en dehors, pour s'estre restreint à ce monde, au contraire Dieu veut tout
ce qui n'implique point contradiction, or plusieurs mondes n'impliquent point contradiction
ny du costé de Dieu, ny de la chose creée : &
mesme il semble necessaire que l'obiet soit la mesure de la puissance, or ce monde n'estant pas infiny comme Dieu, il faut qu'il y en ait vne infinité.

*Chvp. XXXX. discourant des astres déscouuerts
de nouueau, & des taches du Soleil.*

A Yant parlé ailleurs des taches du Soleil, &
des Astres nouueaux, & en ayant tiré des
raisons il ne sera pas hors de propos d'en parler

pour les aſtres nouueaux Galileus rapporte qu'ez
années 1572. & 1604. on a veu des nouuelles
Eſtoiles qui excedoient la hauteur de tous les
planetes, dont la premiere fut au ſiege de Caſſio-
pée ſelon Tychobrahe, & Campanella, ainſi Hip-
parchus en auoit obſerué anciennement vne nouuelle, l'an 120. auant la venuë de Ieſus-Chriſt.

Et quand aux taches du Soleil, ie me contenteray de dire que Galileus aſſeure que ces taches
ſont plus grandes que toute l'Aſie & l'Afrique,
quelques vns croyent que ce ſont des vapeurs &
impreſſions des airs à cauſe que leurs figures ſont
irregulieres, & qu'on les void en grand nombre,
& diſparoiſtre & paroiſtre de nouueau, mais elles
ne font que ſe cacher dãs le Soleil, ou pour mieux
dire diſparoiſtre pour s'approcher trop de ſa clarté, & de plus elles ont vn cours reiglé ſuiuant lequel elles ne manquent pas de reuenir en certain
temps, & partant ce ſont quelques aſtres, touchant leſquels ie renuoyeray le Lecteur, au liure
qu'en a compoſé Tardé ſous le nom des aſtres de
Bourbon les ayant appellez du nom de nos Roys,
ſous le regne deſquels ces nouuelles Eſtoiles ont
eſté deſcouuertes,

Chap. XXXXI. contenant diuerſes raiſons priſes
de pluſieurs paſſages de la ſaincte Eſcriture.

Comme il eſt dit en diuers endroits de la ſaincte Eſcriture que la terre eſt pleine de cor-
ruption, ou qu'elle chante les merueilles diuines
par vne figure de Rhetorique qui met le contenant pour le contenu, auſſi pluſieurs paſſages de

la saincte Escriture disent, comme en Iob. c. 25. v.
5. 6. que les Estoiles ne sõt point pures deuãt Dieu,
qu'elles chantent ses merueilles, & que ce sont ses
armées. Ce sont de choses qui montent difficile-
ment au cœur des hommes, & possible vne partie
de celles que sainct Paul vid dans son extase, mais
puis qu'il dit que cela n'est point monté en cœur
d'homme, il peut auoir entendu que iusques à son
temps personne ne la creu, ou du moins n'en à
sçeu les choses par le menu, c'est ce qui fait dire à
Iob. c. 38. v. 37. 38. qui deduira de rang les re-
giõs d'enhaut auec sagesse, & à Salomon en sa Sapience c. 9. v. 16. à grand peine pouuons nous
comprendre ce qui est en la terre, & ne pouuons
trouuer sans difficulté & trauail ce que nous auõs
en main, & qui est celuy qui a cognu de point en
point les choses qui sont ez cieux, & à Esdras l.
4. c. 4. v. 21. ceux qui habitent sur la terre ne
peuuët entendre autres choses que celles qui sont
sur la terre, & ceux qui sont sur les cieux, les choses qui sont ez cieux.

On me dira que ces passages se doiuent entendre des Anges, mais les passages du chapitre suiuant feront voir que cela s'entend seulement des
hommes, car mesme Campanella a remarqué que
sainct Paul dit aux Coloss. c. 1. v. 20. que les choses qui sont ez cieux sont sauuées par le sang de
Iesus-Christ, & par consequent dit-il, qu'il y a
des hommes qui ont besoin de redemption comme nous.

Chap. XXXXII. *continuant les raisons prises des sainctes Escritures.*

S'IL y a donc diuers mondes, & que les astres soient habitez, ces mondes peuuent auoir esté les vns plustost que les autres, & ainsi finiront en diuers temps, & peut estre il y en à qui ont finy, & d'autres qui ont esté créez de nouueau. Les fideles de ces mondes anciens semblent parler dans le Pseaume 90. v. 1. 2. en disant, Seigneur tu nous as esté vne retraicte deuant que nulle montagne fut née, ny la terre formée. Et Dieu semble se courrouser contre les hommes de ces mondes dans Esdras l. 4. c. 9. v. 18. 19. de ce que ceux qui les ont precedez estoient meilleurs; en ces termes. Certes quand ie preparoy le monde qui n'auoit encore esté fait, pour logis à ceux qui sont maintenant, alors nul ne me contredisoit, car vn chacun alors obeissoit, mais maintenant les malices de ceux qui ont esté créez en ce monde apres qu'il fut fait sont corrompuës; mais il y a encore vn passage plus pressant pour prouuer qu'il y a eu d'autres mondes auant cestui-cy qui ont pris fin, & ont esté iugez comme nous serons vn iour, il parle en ces termes au l. 4. c. 7. v. 34. Et sera le monde conuerty au silence ancien par sept iours, ainsi qu'ez precedens iugemens, iusqu'à ce que nul ne reste. que si cela est ne pourroit-on pas dire que ces grands Cometes qui durent si long-temps par dessus la region des Meteores sont les embrasemens de quelques astres qui prenent fin, & que nous n'auions apperceus pour leur esloignement

car comme on en a veu souuent de nouueaux
au siecle precedent, & mesmes au nostre, ainsi
d'autres peuuent finir, à cela nous pouuons adiouster ce que dit l'Apocalypse, à sçauoir que les
Estoiles tomberont, c'est à dire, finiront plusieurs
anciens ont esté de cette opinion, croyans non
seulement qu'il y auoit diuers mondes en mesme
temps, mais qu'il y en auoit qui auoient precedé
les autres, Origene a tenu cette croyance, & que
le nostre deuoit durer sept mille ans, & que plusieurs des autres deuroient durer quarante neuf
mille années, Campanella ne s'esloigne pas aussi
de ce sentiment, la sapience de Dieu parlant ez
prou. b. c. 8. v. 31. dit, auant que la terre fut
i'estois auec Dieu & m'esbatoy en la partie habitable de sa terre auec les enfans des hommes, & au
. v. 26. i'estois auant que Dieu eut fait la terre, ny.
le plus beau des terres du monde habitable.

Chap. XXXXIII. *Suite des passages de l'Escriture Saincte.*

QV O Y que nous ayons fait deux chapitres
des passages de l'Escriture qui confirment
cette opiniõ, ie ne veux pas passer sous silēce quelques autres qui prouuent en quelque façon la
mesme chose,

Sainct Paul aux Ephesiens c. 1. v. 10. parlant
de Iesus-Christ dit, afin qu'en la dispensation de
l'accomplissement des temps il recueillit ensemble le tout en Christ, tant ce qui est ez cieux que
ce qui est en la terre en celuy mesme, & aux Colossiens c. 1. v. 20. ayant fait paix par son sang,

tant aux chofes qui font ez cieux qu'en la terre.

Comment fe pourront expliquer ces deux paſ-
fages ſi on ne les entend des hommes qui font ez
cieux ou aſtres, que Dieu a aſſemblez & rachetez,
car ſi on vouloit dire que ce font les morts auant
Ieſus-Chriſt, cela ne peut ſe ſauuer, parce que
les ames de ceux la eſtoient deſia en Paradis ou
en Enfer, or la ou eſt l'ame le corps ira auſſi apres
le Iugement dernier.

Dauid parle auſſi au Pſeaume 112. v. 6. en cette
forte, Dieu s'abaiſſe pour regarder ez cieux & en
la terre, car il habite ez lieux tres-hauts, ce paſſage demonſtre que Dieu eſt par dela tous les cieux,
& que dans les cieux ou il s'abaiſſe il y a des habitans comme en la terre.

Et au Pſeaume 148. il dit aux Anges, Eſtoilles,
terre, &c. de le loüer, c'eſt à dire à leurs habitans
parlant par vne figure qui met le contenant pour
le contenu.

L'Eccleſiaſte dit auſſi c. 16. v. 18. 19. 20. 21. tout
le monde qui eſt fait, & qui ſe fait tremblent, qui
comprendra ſes voyes, car la pluſpart de ſes œuures nous font cachées, & au c. 43. v. 15. & 35. il dit
il y à pluſieurs chofes cachées plus grandes que
celles-cy, car nous n'auons veu qu'vn peu de ſes
œuures, par ces deux paſſages il eſt maniteſté que
ces chofes que nous n'auons veuës qui font plus
grandes que celles que nous cognoiſſons font
ailleurs qu'en la terre, c'eſt à dire ez cieux, & que
par conſequent il y à plus d'vn monde.

Ie me pourrois encore ſeruir de pluſieurs paſſages comme du c. 2. v. 10. de ſainct Paul aux Phi-
lippiens, du Pſeaume, 89. v. 7. mais pour ne laſſer
les Lecteurs ie n'en diray pas dauantage.

Chap. XXXXIV. *Par quels moyens on pourroit
defcouurir la pure verité de la pluralité des
mondes, & particulierement ce qui eſt
dans la Lune.*

MAis puis que nous n'auons les aiſles des oi-
ſeaux, ny les yeux des Aigles ou de Lyncée,
ny ne pouuons entaïſer les montagnes comme les
Geants, comment pourrons nous voir clairemēt
les choſes que recellent la Lune, & les autres corps
lumineux, à cela ie reſponds que les Anciens nous
en ont montré le chemin, par la Tour de Babel,
les hautes pyramides, & phares, du haut deſquels
on ne pouuoit preſque apperceuoir les hommes,
& d'ou on deſcouuroit des terres tres-eſloignées,
& qui ont eterniſé la memoire de ceux qui les
auoient conſtruits. Il faudroit à leur imitation
que quelque Roy ialoux de perpetuer ſa memoire
employait quelque temps ſes reuenus & ſes pri-
ſonniers, à baſtir vne pareille ou plus grande
Tour, qui s'eſleuant bien auant dans les airs, nous
fit voir plus diſtinctement par le ſecours des vi-
ſuels, ce qui eſt dans les aſtres, & principalement
dans la Lune; il ne faut pas douter qu'vne tour fai-
ſable ne nous y ſeruit de beaucoup eſtant baſtie
ſur vn lieu des plus eſleuez, & ſi on m'oppoſoit
qu'il y à de tres-hautes montagnes qui pourtant
ne font rien voir de nouueau, ie reſpondray que
outre que perſonne ne l'eſt allé verifier auec de
teleſcopes, ces montagnes bien que hantes, à cauſe de l'obliquité, ne s'eſleuent pas fort haut ſi on
les conſidere perpendiculairement, & neantmoins

I

on a remarqué que de la plus haute montagne
des Pyrenees le Soleil paroit dans vne maiesté
non accoustumée, ce qui ne peut venir que de la
hauteur de ladite montagne. Et quand mesme on
ne pourroit rien descouurir de cette tour extraordinaire, ce que ie ne puis croire, ce seroit pourtant
vn ouurage d'eternelle memoire, pour ce Roy
digne de loüange qui l'auroit entrepris. Et afin
qu'on ne doute pas que d'vne haute montagne,
ou autre lieu fort esleué on ne puisse remarquer
quelque chose de nouueau es astres, le sieur de
Bethancourt en ses voyages asseure que du Pic de
Tenerifa, montagne des Canaries très-haute, on
void le Soleil se tourner sur soy-mesme sans ayde
d'aucunes lunettes d'approche.

Pour vn second il est certain que si on peut me-
ner à la grande perfection les lunetes d'approche
qu'on descouurira beaucoup de nouuelles choses
dans les Estoiles comme deha par leur commen-
cement on en a descouuert plusieurs, car Galileus
& Descartes enseignent, qu'on peut faire des lunettes qui multiplieront mille fois l'obiect en
grandeur, si cela s'execute qu'est-ce qu'on ne
verra pas dans le Ciel.

Et enfin quelques vns se sont imaginez que
comme l'homme a imité les poissons en nageant
qu'il pourra aussi trouuer l'art de voler, & que
par cet artifice il pourroit sans aucun de ces
moyens voir la verité de cette question, les histoi-
res nous rapportent des exemples des hommes
qui ont volé, plusieurs Philosophes le croyent
possible, & entre autres Roger Bacon, ie pourrois
icy rapporter tous ces exeples & diuerses raisons

de cela, mesme des instrumens & machines pour
cét effet, mais ie les resegueray pour ma magie
naturelle , & pour mon traitté de *Arte Volandi,*
parce que quand mesme on pourroit voler cela
seruiroit de peu pour ce suiet parce que outre que
l'homme par sa pesanteur ne s'esleueroit guere
haut, il ne pourroit pas demeurer fixe pour regarder le Ciel, ou se seruir de visuels, mais auroit son
esprit tout bandé à conduire sa machine.

Chap. XXXXV. *Du songe de Scipion , auec quelque raison nouuelle sur nostre suiet.*

NOus lisons dans diuers Autheurs que Scipiō
fit vn songe fort remarquable, dans lequel il
luy estoit aduis qu'il estoit esleué en haut, & qu'il
voyoit d'autres mondes dans les astres, d'ou il ap-
perceut l'Empire Romain, & le voyant de si loin
trouua qu'il occupoit si peu d'espace dans nostre
globe terrestre, qu'il conceut vn extreme desdain
pour ceux qui mesprisans leur vie, l'hazardoient
pour acquerir quelque vaine renommée dans ce
petit recoin de la terre, Ciceron & Macrobe ont
composé de liures touchant ce songe, & ont esté
en doute touchant l'especé de songes sous laquelle il deuoit estre rangé , pour moy i'estime
qu'il doit estre appellé vne visiō puis qu'il voyoit
de choses qui sont reelles à sçauoir les terres aerie-
nes & les peuples lunaires & astraux, ou peut estre
qu'ayant eu cette croyance il la voulu proposer
comme vn songe comme plusieurs autres ont
fait, afin de voir comment elle seroit receuë, &
certainement si c'estoit son but il n'à pas mal reus-

ſi, car elle a eſté embraſſée de beaucoup de per-
ſonnes illuſtres qui l'ont trouuée raiſonnable, &
apres tout n'eſt-ce pas vne choſe qui ſurpaſſe toute raiſon & apparance que tant de maſſes ſi grandes comme ſont les Eſtoiles fuſſent entierément
deſertes, i'eſtime que ſi ie venois par degrez i'ob-
tiendrois du plus opiniaſtre que les corps 300. fois
plus grands que la terre ou dauantage, contiennent du moins en eux quelque plante, ſi cela eſt
aduoüé, comment y ſeroient ces plantes ſi elles ny
eſtoient pour l'vſage de quelques animaux, & ſi
on aduoue qu'il y a quelques animaux, ne faudroit il pas auſſi aduoüer qu'il y à des hômes pour
s'en ſeruir puis qu'ils ſont faits pour eux, & enfin
n'eſt-il pas iuſte qu'il y ait des hommes par tout
ou s'eſtend leur domination, or l'homme domine
ſur les aſtres auſſi bien que ſur la terre, & la mer,
tout e monde eſt fait pour luy, & par conſequent
il y doit auoir des habitans dans les Eſtoiles.

*Chap. XXXXVI. reſpondant à l'obiection de
ceux qui croyent que les taches de la Lune
ſoient la figure de la terre.*

AVant que clorre ce liure i'ay creu que ie de-
uois encore reſpondre à ceux qui croyent
auoir trouué comme on dit la feve au gaſteau en
diſant que les taches de la Lune ne ſont que la figure de l'ombre de la terre qui ſe communique
dans la Lune comme dans vn miroir, mais ils n'ont
pas conſideré qu'il ny à nulle analogie ny reſſem-
blance entre ces taches & celles de noſtre carte
vniuerſelle, ny que dans les nuiĉts obſcures cette

figure ne peut eſtre communiquée à la Lune : on
pourroit encore dire que les montagnes de la Lune ne ſont que quelques obſcuritez plates & ſans
eſleuation, mais ie leur reſpons que l'ombre de
ces montagnes paroit & ſe tournoye comme le
ſtile d'vn quadran à meſure que le Soleil les illumine diuerſement ce qui n'arriueroit pas ſi ce n'e-
ſtoient de corps eſleuez & hauts car ils ſeroient
ſans ombre, & i'ay autrefois ouy dire à Monſieur
Gaſſendus qu'il auoit meſuré mathematiquement
la hauteur de quelques montagnes & valées de la
Lune par le moyen de leurs ombres & auoit trouué
la hauteur des montagnes lunaires beaucoup plus
notable que de celle de la terre.

Chap. XXXXVII. contenant vn autre argu-\nment pris des montagnes de la Lune.

Ⅰ Leſt neceſſaire de remarquer que la Lune eſtant
à demy pleine plus ou moins, on void hors d'elle
beaucoup de petites taches comme goutes d'eau
ou perles, fort luiſantes, & on en void de rangées
comme de perles, or ce ſont les coupeaus des mõ-
tagnes qui ſont eſclairées du Soleil parce qu'ils
montent à pareille hauteur que la partie de la
Lune qui eſt eſclairée, mais parce que les montagnes ont le pied large & obſcurcy, ces goutes
ſont vn peu eſcartées l'vne de l'autre & ſemblent
ainſi detachées de la Lune quoy qu'elles ne le
ſoient pas, ainſi ſi on regardoit de haut ros Pyre-
nées ou les Alpes, on verroit ſeulement leurs
ſommitez en forme de ſemblables rangées de perles, à cauſe que leurs coupeaux reuerberoient

la clarté du Soleil & leurs neiges en augmente-
roientla lumiere.

Obferuez de plus que fainct Paul affeure en la
1. aux Corinthiens c. 15 v. 14. que la gloire des
corps celeftes eft diuerfe des terreftres, & qu'autre eft la gloire de la Lune & de chaque eftoile,
or fi elles different en gloire elles le font à raifon
de la varieté des creatures qu'elles contiennent,
au v. 47. il femble auffi infinuer qu'il y à des
hommes celeftes & terreftres.

Ie defire enfin que tu confideres cher Lecteur
que ce Liure n'eft qu'vn fragment de celuy auquel ie trauaille pour la vie & Philofophie de Democrite, qui a fouftenu cette opinion, & pour laquelle auffi bien que pour fes autres dogmes il me-
rita des ftatuës, de forte que ie ne fay que dire ce
qu'il pouuoit auoir dit pour fouftenir ce qu'il
croyoit, t'affeurant que fi cela eft trouué choquer
la Religion en aucune façon, & qu'on ne foit pas
fatisfait des raifons que i'ay pour faire voir que
cela ne la choque nullement, ie feray preft à me
retracter, & à me defpoüiller de cette opinion, fi
on veut aueuglement la blafmer fahs refpondre
aux obiections, & fans pefer aucune raifon, mais
comme on n'à rien dit contre plus de cinquante
Autheurs qui ont fouftenu cette doctrine, i'eftime qu'on n'aura pas plus de fuiet de le faire
contre moy, à moins qu'on ait quelque chagrin
particulier.

Chap. XXXXVIII. *Contenant les raisons de Palingenius pour la pluralité des Mondes.*

POur couronner cette partie ie n'ay pas voulu priuer le Lecteur de quelques passages rares du docte Palingenius qui prouuent tres-bien cette mesme opinion, & dans lesquels il a meslé vne rare Philosophie à vn stile tres-excellent.

En son Aquarius il tient ces discours à la page 330. de l'impression de Paris chez Hierosme Marnef 1580. in 16.

   Ad reliqua accedamus , & vtrū
Sint deserta poli pulcherrima regna beati,
Au quisquam sedes illas teneatque colatque,
Præsens hora monet solito nos dicere versu.
Cùm cœlum sit tam immensum, tantique decoris
Conspicuum tot sideribus, tam nobile corpus,
Desertū & vacuū & solū incultùmque manebit?
Terra autē innumeris gaudebit, & vnda colonis ?
An mare vel tellus, locus est iucundior atque
Pulchrior & melior, vel toto maior Olympo ?
Propter quod potiusquám æther mereātur habere
Tot ciues, & tam variis animalia formis ?
An regis prudentis erit, fabricare palati
Ingentem molem peregrinò marmore & auro
Egregiam, & mire speciosam intúsque forisque
Nolle tamē (stabulo excepto) permitere quēquam
Tam pulchras habitare ædes, vacuàsque tenere ?
Nempe est totius mundi stabulum terra, in qua
Sunt omnes sordes, puluis, cænúmque, fimúmque,
Ossa, putres carnes, varia excrementa animātum,
Quis memorare vnquā tot fœda immūdaq; posset,

Quæ tellus & pontus habent, ac femper habebunt
Quis nefcit pluuias, nebulas nubésque niuéfque,
Prælia ventorum tempeftatúmque furores :
Quæ mare perturbãt, quatiũt terrã, aera verfant?
Terra tamen pontúsque tenent animalia multa:
At cœlum vacuũ, vacuum cœlum effe putatur?
O vacuæ potius mentes, quæ creditis iftud !
Quippe fuos etiam ciues habet æther: & aftra
Singula , funt vrbes cæli, fedéfque deorum,
Illic & reges, populi inueniuntur & illic :
Sed veri reges, populi veri, omnia vera :
... an velut hîc, vmbræ fimulachraque inãia rerũ,
Quas citó mors rapit, & tẽpus terit, inquinat, au-
Illic fœlices, immortales, fapientes: fert:
Hîc habitant miferi, mortales, infipientes ;
Illic pax & lux regnant, & fumma voluptas :
Hic bellũ affiduũ & tenebræ, & genº omne doloris,
Inunc, & lauda terrã hanc, hanc dilige vitam.
Imó aude, ò demens, ftabuiũ hoc præponere cœlo.
Verùm aliquis dubitare poteft, fi durior æther
Eft adamante, & nil vacui reperitur in illo:
Quomodo dic poterunt illic habitare, vel illac
Pergere ? nimirum hoc fieri non poffe videtur.
Præterea cúm cœlum ipfum non poffit arari
Arque fodi, quóãm pacto Bacchúsque Cerésque
Nafcentur, frugésque aliæ, quarum indiget vfus?
Friuola funt hæc, & rugofo digna cachinno.
Namque fit ipfe licet multó folidiffimus æther,
Peruius eft tamen, & cedens cultoribus : & nil
Obftat, quin facilé huc poffint fe ferre, vel illuc,
Et quacunque libet nihil impediente moueri,
Cœlicolis etenim tenuiffima corpora cunctis
Ille author mundi dedit, atque leuiffima, quare

Ipfis

Ipſis non opus eſt foribus , patuliſue feneſtris:
Per mĕdios intrant muros, & marmora tranant,
Vſque adeó eſt illis tenuis natura poténſque.
Quis, niſi vidiſſet piſces habitare ſub vndis,
Sub limo ranas, ſalamandras viuere in igne,
Aere chamæleonta, & paſci rore cicadas,
Crederet ? at vera hæc tamē & mira eſſe fatemur.
Plurima ſunt, quæ cùm fieri non poſſe putemus,
Sæpé tamen fieri poſſunt, & facta videmus.
Cur non ergo Deus potuit quoque condere tales
Cœlicolas, qui per cœlum facile ire valerent,
Nulliùſque cibi vel potus prorſus egerent?
Si potuit, certè voluit, nam turpe fuiſſet,
Tā pulchras ſedes, tamtq; amplas linquere inanes.
     &c.   *Et a la page 325.*
Stellæ autem ſunt ne(vt fertur) pars denſior orbis
Non ita : quippe ſuam ſortita eſt quælibet harum
Diuerſam à cœlo ſpeciem, diſcrimine magno,
Ipſæ etiam inter ſe diſtant, ceu ſorbus ab vlmo,
Ceu pyrus à ceraſo differt, fœtu atque figura.
Indicat id color haud vnus diuerſáque earum
Virtus & ſplendor, ſtellæ eſt ſua cuique poteſtas:
Quandoquidē natura etiam ſua cuíque tributa eſt
     Et en liure intitule libra *page* 179.
Ergo tam exiguus locus, & tam vilis habebit
Tot piſces, hōines, pecudes, volucreſque, feraſque:
Cætera erunt vacua, & proprio cultore carebunt;
Atque aer deſertus erit, deſertus olympus ?
Delirat, quiſquis putat hoc, hebetíſque cerebri eſt;
Imo illic longè plura, & longe meliora
Viuere credendum eſt, longeq; beatus, atque hic
Denique ſi verum vólumus ſine fraude fateri :
Eſt hominum ſedes; brutorumque infima tellus,

K

Est aër vltra nubes cœlumque beatum.
Pax vbi perpetua & nitidi lux clara diei
Aſſiduè regna: :, domus eſt & regia Diuûm,
Quos licet haud poſſit mortalis cernere viſus
(Eſt etenim tenuis nimium natura Deorum)
Sunt tamen innumeri, bibulæ quot corpora arenæ
Littoribus cunctis, cuncti; quot gramina campis.
Qui credit cœlū tam immenſum, támque decorū,
Deſertum omninó, ac ſolum, vacuúmque colonis,
Cùm teneat vilis tam multa animalia tellus :
Delirat, craſſa mentis caligine preſſus,
Nec minus ac pecudes terrena in fæce ſepultus.

Et vn peu plus bas.

Nempe ſuos aër cœlúmque ac ſydera ciues
Indigenàſque tenent: quod qui negat, ille beatis
Inuidet, atque Dei maieſtatem inſipienter
Blaſphemat, numquid non eſt blaſphemia, cœlum
Dicere deſertum, & nullis gaudere colonis ;
Atque Deum nobis tantúm, brutiſque præeſſe,
Tam paucis, & tam miſeris animalibus, & tam
Ridiculis; certé ſciuit, potuit, voluitque
Omnipotens genitor, nobis meliora creare,
Quæ viuant meliore loco: vt ſua gloria maior,
Maius & imperium foret, & perfectior orbis
Nam quó plura facit, quó nobiliora, relucet
Hoc magis & mundi decus, & diuina poteſtas.
Sed dubiū eſt, an ſint puræ & ſine corpore formæ:
An varia, vt nos membrorum cōpagine conſtent.
Nimirum dictat ratio, quód in aére & igni
Corpus habēt quæcunque manent animalia: nã ſi
Non ſunt corporea, ergo aër deſertus & ignis
Prorſus erit, vacuúſque locus dicetur vterque.
Quippe locum præter corpus, nihil occupat: illi

Cui non eſt corpus, non eſt locus, idque loco nil
Indiget : vt ſatis oſtendunt præcepta ſophorum.
Sed nunquid morti debentur ? credere par eſt,
Viuere longa quidem & fœlicia ſecula, tandem
Deſinere, atque mori, nam ſi corrumpitur aër
Atque ignis, cur non pereant viuentia in illis ?
Nempé loci naturam haurit, ſequitùrque locatum.
Forté aliquis, quali ſpecie, qualiue figura
Sint hæc, ſcire velit : par eſt quoque credere talem
Eſſe illis faciem, qualem nec terra nec vnda
Ferre ſolet, noſtra meliorem ac nobiliorem :
Qualem nec ſas eſt, nec cernere poſſumus ipſi.
At quibus in ſtellis vita eſt, & in æthere puro
Cœlicolæ nunquam pereunt : quia nulla ſeneĉtus,
Aſtra terit, nulla vnquã ætas labefaĉtat olympum
Credendûmque ipſis maiora & lucidiora,
Et formoſa magis & valida & leuia eſſe
Corpora, qui reliquis quæcunque ſub æthere viuũt
Atque elementa colunt, & tempore menſurantur,
Sed quid agunt ; gaudēt ſenſu ac ratióne viciſſim :
Nunc hoc, nunc illo vtentes : miriſque fruuntur
Delitüs, quas humanum nec fingere poſſet
Ingenium, nec mortalis percurrere lingua :
Illic eſt verus mundus, vera entia, veræ
Diuitiæ, veri mores, & gaudia vera :
Aſt hic ſunt vmbræ tantùm ſimulachrãque rerũ
Friuola, quæ paruo momento vt cera liqueſcunt.
Illius mundi quædam eſt hic noſter imago :
Quãtũ piĉtus ab hoc, tãtũ hic quoque diſtat ab illo.
Extra ipſum veró cœlũ, & ſupra omnia corpora,
Eſſe alium mundum meliorem incorporeũmque,
Qui non percipitur ſenſu, ſed mente videtur,
Nonnulli credunt, nec res eſt diſſona vero.

Nam si nobilior sensu, & præstantior est mens,
Cur habeat propriū mundū, propria entia, sensus,
Quæ verè existant, quæ percipiantur ab ipso :
At mens sola manēs, proprio non gaudeat orbe ;
Nilque habeat per se existens ; sed somnia tantùm
Apprendat tenuèsque vmbras, & inania spectra ;
Quæ non existunt per se, vera entia non sunt.
Aut igitur mens est nihil, aut natura creauit
Menti consimilem mundum, qui continet in se
Res veras, stabiles, puras, immateriales :
Quæ per se existunt melius, quàm sensibiles res.

Et plus bas.

Singula nonnulli credunt quoque sydera posse
Dici orbes, terrámque appellant sydus opacum,
Cui minimus diuûm præsit.

Et en son liure intitulé Sagittarius *page.* 269.

In æthere credunt
Stellarùmque globis nullos habitare colonos,
Et deserta poli censent spatia ampla beati.
O curuas animas, ô pectora plena tenebris.
Percipere humani sensus non omnia possunt :
Plurima sunt quæ oculos fallūt, sed mente uidētur.
Vnde acies mentis potius ratióque sequenda est,
Quæ docet esse deos, cœlùmque habitarier. ergo
Aut stellæ Dij sunt, aut lucida templa deorum.

Le mesme raporte es pages 245. 247. &c.
vp songe ou extase, ou il dit auoir veu les choses
qui sont dans la Lune & les decrit fort agreable-
ment insinuent ainsi son opinion.

FIN.

In Librum de Mundorum pluralitate Petri
Borelli Medici Regii.

SI reperisse nouos ignota per æquora mundos,
Gloria magna fuit, mercesque lucrosa Colūbo,
Ah quanto Maior merces, & gloria maior,
Debetur Borelle tibi, qui interritus axes
Sydereos lustrans, aperis mortalibus ægris,
Immensos mundos & fixa habitacula in ipsis
Astris, quæ dudum priscis incognita seclis
Marte tuo primus certis das noscere signis
Illic excelsos montes, & flumina vasta
Et Maria immensa, & quidquid Cynthia cernit
Sub pedibus, superis pariter cernuntur in astris
Dædalus anne aliquis te euexit ad æthera summū,
Musæumue tuum astricolæ subiere quirites ?
An Phæbus totum curru qui lustrat olimpum
Talia te docuit rerum miracula solum ?
Inuideam an demens ? an laudem ? credere cogor
Dum speculor tua scripta, nefas dubitare, pusillæ
Hærent non docti, sic quondam fabula multis
America, at dio magna insula dicta Platoni,
A pigris spreta, at vafris præda optima Iberis
Quanto nobilius Cœlum est terrestribus aruis,
Diuina humanis meliora, æterna caducis,
Tanto Borellus maior meliorque Columbo est,
    ;enti hic molem immensam, rutilique metalli
    zasque innumeras sæuis aperiuit Iberis
    ropæ exitio, Bellonæ instrumenta nefandæ,

Et luxus fomenta, voluptatumque popinæ
Ex illo caſti morę, atque aureà ſecla
Priſcaque ſimplicitas fluere & ſecedere retro
Et pudor & pietas , terras Aſtræa reliquit
Ingruere at denſo vitia agmine , furta, rapinæ,
Cædes, inſidias, non hoſpes ab hoſpite tutus,
Non a prole parens, fratrú quoque gratia nulla eſt
Diſſidia & lites, paſſim deſæuit Erynnis
Auro inhiant omnes, argento tenditur , omne
Virtutum fœtet genus, & ſanctiſſima ſordent,
Americæ poſtquam dites patuere fodinæ.
Succeſſu rerum veſana ſuperbia Iberi
Intumuit, voluitque animo fanda atque nefanda,
Ambiit Europæ ſceptra, atque immitibus Afris
Indulſit pacem, totis dum viribus vni
Imminet Europæ, inſidiis, armiſque, miniſque,
Non tutæ plebi ſpeluncæ , aut auia ſaxa
Auſtriacum a turmis, iniuſto Marte Britanni,
Gallique afflicti, Belgæ, Jermania, tellus
Æneadum, domina nec tuta erat inſula in vrbe
Et tamen ignaro ſoliti dare verba popello
Se ſacras tutari aras, rituſque vetuſtos
Diuorum ſimulantque decus populique ſalutem
O falſas auſtri mentes, ô pectora falſa
Sed tandem effulſit tenebris aurora fugatis
Geryonis patuere doli : dein numine diuum
Demiſſus Cælo Henricus Mauortius Heros
Hiſpanos cuneos, & qua denſiſſima turba
Proſtrauit variis & fregit cladibus vltor
Depulit & regni paſſim de limite auiti.
Tunc animi effrænes gentis cecidere ſuperbæ,
Paulatim ambitio deferbuit, Hectore noſtro
Heu heu mactato , extemplo rediuiua reſurgunt

Bætica comina, & violento turbine perflant
Terrasque tractusque maris, dum ætate tenella
Ludoicus nondum rerum geſtabat habenas,
Et Gallos ſœpe infeſtis concurrere ſignis
Impulit, atque auro ſacra lilia vellere, cœlo
Hectoridis demiſſa, auro vœnalia cuncta
Faſque nefaſque, decus, probrum, ſacrumque
  profanumque,
Auro ah nunc proſtat, quod lögè oſtentat Iberus.
Hinc maius ſerpſit virus, quod dicere muſa
Dicere muſa horret, dominum cötemnere olympi
Impia gens Ebrebi nigro demiſſa barathro,
Infames athei ſuadent, diroſque cometas
Intrepidis ſpectant oculis, & fulmina rident,
Cœleſteſque domos vanis habitacula laruis,
Vulgi aut fabellas, commenta & anilia dicunt
Talia iam portenta æui mactata potenti
Borelli claua, nec fas eſt hiſcere contra
Scripta tua ô Borelle, tuis laus maxima chartis
Imminet æterno celebrandus nomine, tellus
Te tua non capiet, nec longo limite noſtri
Ludoici imperium, Heſperiis tu notus Eois,
Quàque Aquilo, quaque Auſter agit freta vaſta,
  micabit
Borellus, ſydus veluti ad terreſtria miſſum
Vt miſeros doceat mortales, cœlica regna,
Nil mortale ſonans, diuino numine plenus
Cœleſtes aperire domos molitur, in alta
Nos rapit, æternas docet illic quærere ſedes
Immunes belli, Capitolia firma, ruinis
Nullis addicta, & nullis obnoxia ſecli
Ærumnis, illic non inclementia brumæ
Auellit gemmas Baccho, nec ſæua procella

Proculcat Cererem, baccas nec Syrius ardens
Siccat Palladias, frutices neue horrida grando
Concutit, æterni viget indulgentia Veris.
Exulat inde etiam ventorum exercitus omnis,
Non illic terrent ferali crine cometæ
Nec tellus quaſſata vrbes montesque redellit.
Pax æterna illic, nullique immixta pauori
Gaudia carpuntur, procul eſt infirma seneɥtus,
Morborúque lues, curæ, lachrimæque, minæque,
Nullus auaritiæ locus, incógnita egeſtas,
Ambitio, ira, doli, triplicique calumnia telo,
Lihorque alterius rebus qui luget opimis
Cocyti æternum nigris demerſa sub vndis.
Neɥtare Diuorum menſæ, ambrosiaque refertæ,
Aures demulcent litui, Cytharæque canoræ,
Et magni celebrant laudes nomenque Iehouæ.
Ergo quiſquis amans pacis, diæque salutis
Suſpicé Borelli mundos, & lumina in altum
Tolle, niſi prono proſpeɥtas degener ore
Terrenis vinɥtus cippis mortalia teſqua
Vecors mancipium, prœda graueolentis Auérni.
Cernes aſtrorum in gremio suauiſſima Tempe
Inſtruɥta altiſoni dextra, quæ limite nullo
Nullo æuo cenſenda, supra omnes laudis honores.
Viue diù Borelle, aſtris tibi debita sedes
Te seré accipiat, superes & Neſtoris annos,
Horrida ve inſanæ, extinguas blaſphemia turbæ.

VILARIVS.

Iudex Cebennæ

... ossignes, ou ... en auy ... ...
La fin de protestant ... vous plus ...
de je vous suivray ... sa vie, ...
caule le tout de moy davantage, pour
choisie de m'enuoie ... ou l'une part...
m'obligles a demeure toujours

Morpilie

De Paris ce 20.
feburie 1523.

Votre ...ff... onne
... Richelieu
de S...